中國美術分類全集

中國建築藝術全集

14

佛教建築（三）（藏傳）

中國建築藝術全集編輯委員會　編

《中國建築藝術全集》編輯委員會

本卷主編

陳耀東　中國建築技術研究院研究員

攝影

中國建築工業出版社攝影室等

凡例

一　《中國建築藝術全集》共二十四卷，按建築類別、年代和地區編排，力求全面展示中國古代建築藝術的成就。

二　本書為《中國建築藝術全集》第十四卷『佛教建築』(三)(藏傳)。

三　本書圖版按照藏傳佛教建築建造年代和分佈地區依次編排，全面展示了我國藏傳佛教建築藝術的傑出成就。

四　卷首載有論文《中國藏傳佛教建築藝術》，概要論述了藏傳佛教的産生、發展和傳播，以及藏傳佛教建築藝術的特色和成就。圖版部份精選了二百二十一幅精美照片。在最後的圖版説明中對每幅照片均做了簡要的文字説明。

目錄

論文

圖版

圖版説明

中國藏傳佛教建築藝術

一、概　述

（一）藏傳佛教在藏族地區的傳播及各教派的產生與發展

佛教傳入吐蕃以後，與藏族地區原有的宗教結合，而形成西藏佛教，即藏傳佛教，俗稱喇嘛教。

公元七世紀佛教傳入吐蕃地區，經幾代贊普的扶持而得到一定發展。但在發展中，卻不斷遭到當地原有宗教——本教的反對，之後，兩教鬥爭加劇，甚至由贊普下令滅佛。隨之奴隸起義而導致吐蕃王朝的覆亡。以後吐蕃地區形成了互不統屬的封建割據局面。佛教於公元十世紀第二次在吐蕃地區興起，逐漸與各地方勢力結合。在發展中，由於門户之見而形成不同教派。這時期的佛教，在和本教的鬥爭中，吸收和融合了本教的某些色彩，經歷了佛教西藏化的過程，成了西藏佛教。它在宗教形式上，是佛教吸取當地本教色彩，和一般佛教既有相同的一面，卻又有它自己的特點，但本質上仍是佛教；在經濟上，西藏佛教和它所控制的經濟關係是『二位一體』的，而一般的宗教都離不開統治階級的資助；再一特點是形成一個以寺院為中心的統治集團，在這個集團中，為了解決其領袖人物的繼承問題，以後就建立活佛轉世制度。所以，這以後西藏化了的西藏佛教即稱藏傳佛教，西藏佛教史稱此後的佛教發展為後弘期，並把後弘期的開始定為公元九七八年。吐蕃時期的佛教稱為前弘期。

西藏佛教各教派的形成，是從十一世紀中葉開始，至十五世紀初經歷了三百多年纔完成的。公元十世紀初，藏族進入了封建社會，佛本二教也在長期的鬥爭和融合的基礎上，形成了新的西藏佛教。隨著社會的發展，各地的封建割據勢力集團為了發展，之間發生爭權奪利的鬥爭，它們掌握下的佛教勢力之間，也就產生了門户之見，在教義、儀規上出現分歧，逐漸就形成了各種教派。各種教派的產生、發展到消亡，說明西藏佛教本身有其發生、發展的演變過程，也反映了佛教文化欣欣向榮的局面，從而在藏族居住的青藏高原上，形成一個具有藏族文化內涵的宗教文化圈。

藏傳佛教各教派的發展情況

寧瑪派：形成於公元十一世紀初。『寧瑪』的意思是『古』和『舊』，『古』是指該派的教法是從吐蕃時期的蓮花生大師傳下來的，所以比其他教派要早；『舊』主要指在密宗方面，他們傳承和弘揚的是吐蕃時期的密籍，即重密輕顯。教徒多戴紅帽，故俗稱『紅教』。此派的特點是組織渙散，教徒多是父子、翁婿傳承，分散發展。再一特點是不像其他教派和地方勢力有較密切的結合關係，如它雖在元代即已和中央政權建立了聯係，但也没有在藏族地區形成一個穩定的寺院集團勢力。直到公元十六七世紀，特別是在五世達賴喇嘛的支持下，纔出現一些較有規模的寺院，如前藏的敏珠林和多吉札寺，四川甘孜的噶陀寺、白玉寺及德格的佐欽寺等。這個教派從十九世紀起，有一位在康區出生的活佛，在印度大吉嶺創建了一座烏金貢桑卻林寺，以後這個教派從這裏傳到了歐洲，如在比利時、希腊、法國等都有寧瑪教派的傳播和活動基地。

噶當派：噶當派在寧瑪派之後出現。『噶』是佛語的意思，『當』按字直譯是教誡，全意是用佛的言教對僧人進行從日常行為到修習佛法等全過程的指示和教導。它的創始人是阿底峽的弟子仲敦巴（一〇〇五至一〇六四年），該教派於一〇五六年建熱振寺，並以它為根本寺院而逐漸發展起來。以後發展成兩個支派，一支是以博多寺傳出的博多哇·仁青賽（一〇三一至一一〇五年）為首的教典派，較重視佛教經典的學習，其下傳有怯喀寺、基布寺系統與納塘寺系統。另一支派偏重師長的指點教授，注重實修，其下分成京俄巴和鄔素兩個系統。

從十一世紀至十二世紀，是西藏封建社會逐漸形成的過渡時期，噶當派這時得到一些地方勢力的支持，而獲得很大發展，在各教派中，以寺院分佈廣、僧徒衆多而著稱。噶當

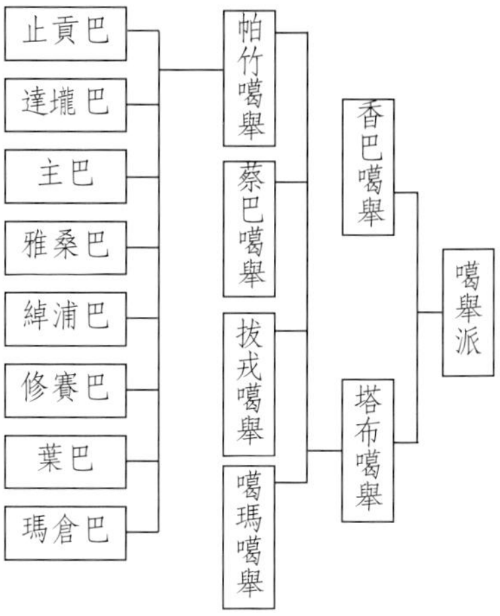

派中的怯喀寺、基布寺系統曾和雅隆覺臥地方割據勢力結合，而形成一個規模較大的寺院集團。但這個教派始終並未去尋求掌管地方大權，所以十五世紀以後基於噶當派教義的格魯派發展起來以後，噶當派的寺院都變成了格魯派寺院，噶當派也就不復存在了。

薩迦派：薩迦派的創始人是貢卻傑布（一○三四至一一○二年），他在一○七三年建薩迦寺，寺主採取家族承傳的辦法。薩迦派發展到薩班．貢噶堅贊（一一八二至一二五一年）時，雖然寺院的絶對數量比不上噶當派，但它是『政教合一』的地方割據勢力，教派直接控制著當地的政治、經濟權力，所以是西藏地區的一個重要教派，這也是薩迦派和元朝中央建立聯係的基礎。

公元一二四四年，成吉思汗之孫闊端寫信邀請薩迦派教主薩班到涼州會面。他們經過磋商後，由薩班寫信給西藏各地方勢力，勸說他們歸順蒙古，即從十三世紀四十年代起，西藏就已歸順元朝。

之後，薩迦派教主八思巴（一二三五至一二八○年）被忽必烈封為國師兼總制院事（掌管全國佛教和藏族地區事務），成了元朝中央政權中的一個高級官員。元朝把西藏劃分為十三個萬户，因元朝中央扶持薩迦教派，所以薩迦成了西藏十三個萬户之首。大約到了十四世紀的前半期，薩迦家族内部分裂，政治上開始失勢，但在宗教上還有一定影響，至明朝對西藏所封的幾個法王中，仍有薩迦派中人物。

薩迦派興盛時，其勢力不僅遍及衛、藏地區，在康區、安多甚至蒙古、漢地都有影響，在這些地區都有它的寺院。薩迦派衰落以後，各地的寺院也相繼衰落，但著名的四川德格貢欽寺卻繼續存在下來，直至民主改革以前。

薩迦派俗稱花教，據説這是因為薩迦派寺院的外圍牆上塗有紅、白、藍三色的緣故。

噶舉派：『噶』意為佛語，也可理解為師長的言教，『舉』意為傳承，『噶舉』意為由師長親自傳授。也有人將『噶』解釋成白色，又因修噶舉教法的人均著白色僧裙，所以有人就稱噶舉派為白教。

噶舉派興起於十一世紀，傳承的密法來源於印度，在西藏因傳播地區的不同而形成香巴噶舉和塔布噶舉兩個傳承系統。香巴噶舉至十四五世紀即已衰落，塔布噶舉其下派系復雜，又分為四大系，在四大系之一的帕竹噶舉中又分為八個小系，所以關於其派系有四大八小的説法，列簡表如上（見上表）。

塔布噶舉傳承下面四大支中，繁衍最多的是帕竹噶舉，這一支下有兩三個小支還一直延續到解放以後。

帕竹噶舉在歷史上是顯赫一時的大教派，它的創始人帕木竹巴·多吉傑波（一一一〇至一一七〇年）簡稱為帕竹·多吉傑波或帕木竹巴，他在西藏桑日縣帕木竹地創建寺廟，即後世有名的丹薩替寺，帕木竹或帕竹就成了地名、人名、教派支派名和以後出現的帕竹家族、地方政權這五位一體的名字。元朝在一二六八年分封衛藏十三萬户時，帕竹是一個萬户，此後寺主兼任萬户長，即一人兼任政教領袖。至十四世紀中葉，帕竹實力更加發展，在一三五四年擊敗薩迦地方政權，統一了衛藏地區，建立起政教合一的帕竹地方政權。

噶舉派的特點是勢力範圍分佈廣，在西藏西起阿里，東至康區，幾乎所有藏族地區都有它的分佈，在元、明兩代其勢力還達到過內地。一九五九年噶舉派在國外活動增多，在印度、尼泊爾、不丹甚至歐美都有它的寺院。其次，與其他教派相比是支系多，有四大支八小支。第三是實力強，其下的帕竹噶舉在薩迦之後，直接掌握過西藏地方政權；噶瑪噶舉也曾間接地控制過西藏地方政權。

其他較小的教派：從十一世紀起在西藏地區的藏傳佛教中，也同時出現了一些較小的教派，如希解派、覺宇派、覺囊派、郭札派、夏魯派等等，雖各有自己的一套教法，但大都由於缺乏強有力的經濟後盾，組織鬆散，均不能形成興旺的局面。

格魯派：興起於十五世紀初，是西藏佛教各派中最後興起的教派。它的特點是發展迅速，很快就取代了其他教派，成為藏族社會上長期佔統治地位的教派。藏族社會從十三世紀初到十四世紀末之間的兩個世紀，是封建制度從確立到發展的時期。隨著封建制度的普遍確立，各教派得到充分發展，一些教派上層僧人直接參與掌握政治、經濟活動，他們享有特權。此時宗教戒律廢弛，僧人腐化，宗教喪失民心，走向衰落。正在這時，在西藏學經數十年，聲望很高的青海宗喀地方的羅桑札巴（一三五七至一四一九年）出來提倡佛教僧人應嚴守戒律，與世俗社會斬斷聯係，過僧人的宗教生活。於是他戴上黃色桃形尖頂帽，表明他與其他派別相區別，他的這種號召立即得到統治者及廣大群衆的支持。人們尊稱他為宗喀巴，因他戴黃帽，人們就習慣稱他的教派為黃教。

宗喀巴師承噶當派，而當時給予支持援助最多的是噶舉派的帕竹地方政權，支持他在拉薩發起傳昭法會及建甘丹寺（一四〇九年），從而創建了格魯派。

格魯派發展迅速，在短短的幾十年中，即建成西藏的黃教四大寺院：一四〇九年在拉薩建甘丹寺，一四一六年在拉薩建哲蚌寺，一四一八年在拉薩建色拉寺，一四四七年在日喀則建札什倫布寺。一四一三至一四一四年間，明永樂帝邀請宗喀巴進京。宗喀巴考慮當時因初創教派，教主不便離開，但為了爭取中央政權對自己教派的支持，所以派弟子降欽卻傑（本名釋迦也失，一三五二至一四三五年）代表自己去北京。降欽卻傑到北京被封為『西天佛子大國師』，這說明新興的黃教與明朝建立聯係，黃教也從此向內地和蒙族地區傳播。

格魯派的發展有幾個特點：從創教開始它就要求僧人嚴守戒律，過嚴格的宗教生活，因而得到群衆的歡迎；其次是黃教打破以往的教派衹和某一地區、某一封建勢力相結合而成一個政教一體的局限性，它和各地區、各封建領主廣泛聯係，即能在各地區得到廣泛的支持和發展；第三是調整和改革了寺院的規章制度，即規定了僧人嚴格的學經制度及寺院管理制度。在發展中，由於宗喀巴的聲望很高，且又自稱是新噶當派，而當時噶當派又缺乏有聲望有影響的領袖，所以當時廣佈各地的噶當派寺院都先後變成格魯派寺院，從而促使格魯派得以廣泛、迅速的發展。

格魯派為了鞏固寺院集團勢力，便確立了達賴、班禪兩大活佛系統，不過這兩系統的前幾世都是後來追認的，第一世都是宗喀巴的弟子。史家習慣上把黃教採用活佛制度的時間確定為第三世達賴索南嘉措（一五四三至一五八八年）時期，而且把他進入哲蚌寺的一五四六年當作黃教寺院集團形成的標誌年代。這時的黃教尚處在發展階段，他們和拉薩、山南地區的貴族關係較好，但後藏的仁蚌巴家族及辛廈巴家族都是反對格魯派，支持噶瑪噶舉教派的，而一貫支持格魯派的山南帕竹家族這時已衰微，不能再給格魯派以保護和支持。格魯派要發展，就必須再找盟友和靠山。於是第三世達賴喇嘛索南嘉措跨出了民族的界限，和北方的蒙古族逐漸結合起來。一五七八年，索南嘉措應土默特部汗王俺答汗的邀請到青海與之會面，二人追憶元世祖忽必烈和帝師八思巴的往事，互贈封號。之後，索南嘉措隨俺答汗去蒙古土默特建寺傳教，在路上也同時傳播佛教和建立寺院。後俺答汗病逝，派人來請索南嘉措去土默特參加葬禮。於是索南嘉措再次去內蒙，一路到處講經傳教，許多蒙古族貴族和民衆跟隨他成了黃教信徒。明朝中央也派員來土默特封索南嘉措為『朵兒衹唱』（執金剛），並邀他進京，不幸索南嘉措在進京途中病逝。

在索南嘉措圓寂後一年，俺答汗的一個孫子出世，這個蒙古族幼童被認定為索南嘉措的轉世『靈童』，取名為雲丹嘉措（一五八九至一六一六年）。達賴喇嘛轉世到蒙古王公家中，這是黃教上層和蒙古族統治者在當時形勢下做出的巧妙安排：黃教找到了有力的靠山，蒙古族統治者可利用黃教向藏區滲透，這是一種對雙方都有利的安排。

一六〇二年蒙古方面派軍隊護送四世達賴喇嘛雲丹嘉措回西藏，這使後藏反對黃教的貴族不安。

一六一四年四世達賴突然逝世，第悉藏巴政權的建立者（後藏辛廈巴家族的領袖）下令禁止達賴轉世。這時，札什倫布寺寺主羅桑卻吉堅贊（一五六七至一六六二年）出來調停，他在當時各種複雜勢力中主持黃教事務，並爭取使達賴轉世，終於選定阿旺羅桑嘉措（一六一七至一六八二年）為第五世達賴，黃教寺院集團在藏族社會上取得了絕對優勢。羅桑卻吉堅贊為黃教開闢基業建立了卓越功勛，一六四五年蒙古和碩特部的固始汗在控制西藏以後，贈給他『班禪博克多』的稱號，班禪活佛轉世制度也從此正式建立起來，羅桑卻吉堅贊為第四世班禪，從他往上追認三輩世系。

出於政治的考慮，四世班禪、五世達賴和蒙古和碩特部的領袖固始汗（一五八二至一六五四）聯合派員與尚未入關的清朝結納，固始汗從青海出兵康區，消滅與黃教作對的白利土司，然後帶兵入藏，最後消滅與黃教為敵的第悉藏巴，結束了噶瑪噶舉操縱控制的地方政權，確立黃教在藏族社會的優勢地位。清朝入關以後，順治帝即邀五世達賴進京觀見，冊封為『西天大善自在佛所領天下釋教普通瓦赤喇怛達賴喇嘛』。後在一七一三年又冊封第五世班禪羅桑意希為『班禪額爾德尼』，從而確立了達賴和班禪的政教地位。

（二）藏傳佛教向藏族周圍民族地區及內地的傳播與發展

藏傳佛教先是在藏族地區發展，到元代得到皇室的重視，封薩迦教主為帝師，喇嘛教開始傳入宮廷，在大都先後建了喇嘛寺，如北京妙應寺白塔即建於此時，且採用藏式。元亡以後，退到塞北的蒙古族分裂成若干部，各汗王互不統屬，但他們都先後接受西藏佛教。十六世紀中期以後，俺答汗邀請三世達賴到蒙族地區去傳教，並在內蒙土默特川建立了蒙族地區的第一座黃教大寺——大乘法輪洲，藏傳佛教從此傳入蒙古族地區。後來俺答汗去世，再邀三世達賴去蒙古族地區。三世達賴圓寂後，達賴喇嘛即轉世到蒙古王公家中，使黃教上層和蒙古族統治者緊密聯係在一起，這説明藏傳佛教已深入地傳入蒙古族的社會中。

清朝為了牢固地統治蒙古族和削弱達賴、班禪的勢力，在蒙古族地區提倡喇嘛教，並在蒙古族中選拔教主作為清政府的政治支柱，冊封哲布尊丹巴呼圖克圖，讓他駐外蒙庫倫主持外蒙教務；又冊封章嘉呼圖克圖主持內蒙教務。康熙三十年（一六九一年）康熙帝與蒙族頭人在多倫會盟，之後即建匯宗廟，開創清政府直接在蒙族地區建廟的先例。此後在蒙族各地由政府撥資、由皇帝『敕建』和鼓勵興建了很多喇嘛廟，僅內蒙地區就有上千所。在新疆厄魯特蒙古地區，喇嘛教也和世俗貴族勢力結合，形成了一種巨大的社會力量，發展成新疆厄魯特蒙古地區的唯一宗教。從清初統一新疆後，即先後由政府出資，在天山南北興建寺院，如在伊犂建固札爾寺（金頂寺）、海努克廟（銀頂寺），在綏定城（在今新疆霍城縣境）建興教寺、善化寺等等。

喇嘛教傳入內地始於元代。元時，西藏來的帝師居京師，帝師及西僧（即西藏來的僧人，指喇嘛）在一些大寺院內做佛事，如史書記載：『京師創建萬寧寺，中塑秘密佛像（指西藏密宗佛像），其形醜怪，後用手帕蒙覆其面』（註）。今日北京妙應寺的藏式白塔即元時所建。

清朝入關前，即扶持並利用喇嘛教為其政治服務，在征服察哈爾蒙古後，獲得元時喇嘛教的護法神像，為表示後金（即後來的大清）是喇嘛教的最高保護者，皇太極下令在盛京（今瀋陽）建一座大喇嘛廟『寶勝寺』供奉，以後還在盛京四城門外各建一寺，每寺建藏式白塔一座。清入關定都北京後，政府設理藩院管理喇嘛教事宜；對蒙藏地區喇嘛教領袖人物賞賜名號，確認大喇嘛的封建特權，並給予很高的社會地位。清政府先後在東北、北京、蒙古、新疆、熱河、甘肅、青海、山西等地出資新建、擴建或改建不少喇嘛廟，從而使北京、山西五臺山、熱河承德等成了內地喇嘛教的三個中心。

清順治八年（一六五一年）以『壽國祐民』為由，在北京北海瓊島頂上建喇嘛塔，成為京城內的最高標誌。次年，為迎接五世達賴進京而建黃寺供達賴駐錫，從此開了清王朝入關以後興建喇嘛廟的先例。乾隆時期，改世宗府第雍和宮為喇嘛廟。為迎接六世班禪來京，在西郊香山建宗鏡大明之廟供班禪駐錫。前後在京城興建或改建了三十餘座喇嘛廟，並規定駐廟喇嘛人數，共計二千餘名。其中清東陵隆福寺，西陵永福寺的喇嘛，是選滿族兵丁後裔充任，即是讓滿族子弟出家當喇嘛，這是滿族入關以前所沒有的。

山西五臺山是國內著名的佛教圣地，明、清喇嘛教即傳到這裏。明初，永樂帝邀宗喀

註：《元史·卷一一四》二八七三頁，中華書局，一九七六年版。

巴進京，宗喀巴派弟子釋迦也失進京，被朝廷封為『西天佛子大國師』及『大慈法王』。釋迦也失進京時曾取道五臺山，並在那裏弘法。據説當時發展了五所黃教寺院，並收有蒙、藏族教徒。清初從順治到乾隆四位皇帝多次到五臺山巡幸，在此做道場、接受朝拜，政府多次撥帑銀供五臺山修葺寺廟，並增設一些黃廟（當地稱喇嘛廟為黃廟，稱漢族寺院為青廟）。以後一些藏傳佛教上層人物，包括清末的十三世達賴進京均取道五臺山，五臺山成為內地的喇嘛教中心。

清王朝初期，為了維護各民族的團結，便於蒙、藏王公及上層宗教人士到承德朝覲，在避暑山莊的東面和北面，從康熙五十二年（一七一三年）至乾隆四十五年（一七八〇年）的半個多世紀，先後興建了十二座規模宏大的喇嘛廟，今俗稱為外八廟。這些寺廟中，有康熙五十二年（一七一三年）蒙古各部為慶祝康熙六十壽辰而建的溥仁寺、溥善寺；乾隆二十年（一七五〇年）初定準噶爾，在避暑山莊宴賞厄魯特四部首領，而依『西藏三摩耶廟之式』建造的普寧寺；乾隆二十九年（一七六四年）為紀念平定準噶爾及供遷居承德的厄魯特蒙古部落而建的安遠廟；乾隆三十一年（一七六六年）為供厄魯特杜爾伯特部及新疆各少數民族首領到承德朝覲禮佛而建的普樂寺；乾隆三十六年（一七七一年）為慶祝乾隆六十壽辰、皇太后八十壽辰和紀念土扈特部返回祖國，倣布達拉宮而建造的普陀宗乘之廟；乾隆四十五年（一七八〇年）為迎接六世班禪到熱河朝覲，『肖其所居』而建須彌福壽之廟等等，這十二座喇嘛廟駐廟喇嘛上千人，從而形成一個喇嘛教活動中心。可見宗教文化的向外傳播及發展，有其政治、宗教、文化等諸多方面因素，而主要的是由於歷代統治者的政治需要。

（三）藏傳佛教的寺院組織及寺院建築內容

西藏佛教各教派中，以最後興起的格魯派寺院組織最為嚴密、完善，其中最為典型的是拉薩三大寺。三大寺是原掌管西藏地方政權的黃教寺院集團的根本寺院，它在政治上起著舉足輕重的作用；經濟上也是西藏最重要的寺院領主。三大寺的組織機構分為三級：措欽、札倉和康村。

措欽一級的組織，是全寺的最高管理委員會。委員為寺內各札倉的堪布組成，選其中資歷最高者做首席委員，藏語稱『赤巴堪布』，即法臺、寺主。委員會下的重要僧職有：

全寺大總管，處理全寺經濟事務，藏語稱『吉索』；鐵棒喇嘛，管理全寺治安、僧衆紀律及審理全寺僧人、屬民的重大糾紛、案件，藏語稱『措欽協敖』；領經師，引導全寺僧人唸經的宗教活動管理人員，藏語稱『措欽翁則』。這些管理人員都有一定任期。措欽的建築最大，有管理委員會的機構用房、庫房及能容納全寺僧衆聚會的殿堂，這殿堂即稱為總聚會殿或大經堂，藏語稱『措欽』。

札倉：是一個僧衆的集體組織，有自己獨立的經濟、行政及宗教事務管理機構，是一個獨立的學經組織。有的札倉就是一座寺院。大的寺院由幾個學習不同經典內容的札倉組成，如有專門學習顯宗、密宗、醫藥或天文時輪內容的札倉。札倉如一座經學院。札倉的主持人藏語稱『堪布』，即住持，其下的僧職人員實行委員制。具體人員有總管，藏語稱『拉讓強佐』及其助手，專管札倉的財產、屬民和對外聯係事務；『貴格』，俗稱鐵棒喇嘛，管理全札倉的人事及僧衆紀律；『翁則』，札倉唸經時的領誦人；『雄巴來』是管理僧衆學經事務的人員。這些僧職人員都有一定任期，由堪布任免。札倉的建築一般有佛殿、僧衆聚會殿、佛塔、僧舍等。其管理機構設在聚會殿的二樓，一般也稱聚會殿的建築為札倉。

康村：是札倉下面按僧人來源的地域劃分的一級習經組織。僧人進入寺院以後，大的寺院即按其家鄉的地域，編到一定的康村裏去，如康定一帶的僧人入藏學經，即編入米聶康村。較大的康村因人數過多，其下可設幾個密村來管理。康村也實行委員管理制，首席管理人員稱『吉根』，下有『歐湼』管理財產及經濟事務；『拉岡』負責對外接待；『卡大格根』管理屬民、為康村支差的差民及雜務；『康村格根』保管康村的財產；『巴夏哇』管理僧衆紀律。這些人員都有一定任期。康村的建築內容有佛殿、僧衆聚會的經堂、僧舍、廚房、庫房等。

總之，寺院是僧人學經的經學院。但在政教合一的制度下，其內階級分明，是一個社會的縮影。僧人進入寺院以後，拜師學經。僧人中又分有學習佛經的僧人，有專門接受宗教職業訓練的僧人，有專學某些技藝的僧人，也有專門為寺院做雜務的僧人，大寺院還有專門的武裝僧人。擔任管理寺院的僧職人員屬上層僧人，有地位，數量很少。活佛是寺院集團的領袖人物，身份特殊，人數更少。

寺院建築內容：藏傳佛教寺院由佛事活動用房及僧居生活用房兩大部份組成。小寺廟僅有一個小佛堂及數間僧舍組成一個小院。較大寺院內，佛事活動部份有供奉佛像、靈塔等供信徒朝拜用的佛殿、塔殿等；有供僧人在室內聚會習經的經堂，有在室外習經、辯經的夏經院；有供信徒朝拜的佛塔，其中有獨立的大塔或數座塔組成一列的群塔，也有塔院；大寺院有節日供信徒瞻仰頂禮的瞻佛臺；之外還有為宗教服務的雕刻及印刷佛經的印經院、藏經室，製作香煙供品的作坊，以及供寺院管理機構使用的辦公、會客、儲藏等用房、馬廄等。僧居部份有活佛生活居住的拉章，一般僧人居住生活的僧舍、庫房、廚房、馬廄等等。大寺院還有招待香客的住房等等。

但在靠近藏族地區、蒙族地區及內地的藏傳佛教寺院，有的卻像漢族佛寺建有鐘鼓樓，這在藏族地區的寺院是沒有的。

二、藏傳佛教建築藝術

吐蕃時期傳入西藏的佛教是一種外來文化，在它傳來之初，必然帶有外來色彩，因而在寺廟建築風格上，除具有當地傳統以外，也帶來一些外來做法，所以呈現出多樣化的色彩。吐蕃時期的佛教建築，除桑耶寺因具有佛、法、僧三寶，是西藏佛教史上第一座寺院之外，其它大都是一些帶有鎮魔降妖性質的神廟，如工佈的佈久寺、吉隆的絳真寺等；或僅是供王室貴族禮佛的神殿，藏語稱拉康，如拉薩大昭寺、小昭寺，山南昌珠寺等，當時都是一些規模不大的寺廟，一般僅是一院一佛殿，如最有名的大昭寺當年也僅是二層的四合院式建築，今日所見面貌是後世不斷擴建而形成的，又如吉如拉康主殿僅是四柱的小殿堂。再一種形式是面積不大的樓閣式建築，如吉隆縣的強準祖布拉康和帕巴寺，均為高四層，且層層收分的方形樓閣式建築。還有一種石窟寺，如拉薩的查拉魯埔石窟，規模也不大，形制頗接近早期的『支提』式石窟。

吐蕃時期的佛教建築，雖因年代久遠且經後世不斷毀圮、改建，但從豐富的史料及今天不多的遺存中，仍可感到當時藏族古代文明處於上昇時期的那種蓬勃的藝術創造力及文化上的開放明朗性格。藝術風格上的兼收並蓄，使吐蕃文明具有樣式多彩和文化多元的特點。

後弘期的藏傳佛教建築藝術，是在吐蕃佛教建築藝術的基礎上發展起來的，它在藏族文化的基礎上，同樣具有樣式多彩和文化多元的特點。

（一）藏傳佛教建築藝術發展的歷史分期

藏傳佛教一開始便和政治結合在一起，我們從宗教與政治的關係，從宗教發展的情況，從寺院建築發展的規模、類型及技藝水平等方面來考察，藏傳佛教建築藝術的發展，大致可分為發展初期、發展期、繁榮期等三個階段。

發展初期

這一時期從後弘期開始（公元十世紀末）到一二四七年薩迦派代表西藏各地方勢力去會見成吉思汗之孫闊端，表明西藏地方向元朝確立臣屬關係時止，也即薩迦集團統治西藏的兩個半世紀的時間。西藏地區在吐蕃王朝覆亡以後，境內各地方勢力形成互不統屬的局面，宗教與這些地方勢力結合，而形成各種派別。寺院和城市成為各地方割據勢力的中心。此時寺院已在前弘期的基礎上，形成一定規模，但仍不如後期的龐大宏偉。寺院的佛殿、經堂結合在一起，殿堂單層，但淨空高大。佛殿的兩側及背後有一條環形的轉經道。很多寺院有一定數量的固定僧人，所以有相當大面積供僧人聚會習經的經堂，也有一定數量與當地民居形式相同的僧居。

吐蕃王朝崩潰以後，贊普王室的一支後裔逃到西部的阿里地區，建立封建割據地方政權，同時採取大力支持利用佛教的手段，其後代於十一世紀初，在阿里地區建立了很多寺院，其中規模最大、最有名的是托林寺。同時迎請外籍名僧阿底峽大師（九八二至一〇五四年）到阿里弘揚佛法，於藏歷火龍年（公元一〇七〇年）在此召集衛、藏、康等地高僧大德聚會的火龍年法會。阿底峽進藏和火龍年法會的召開，大大推動了在西藏沉寂了近一個世紀的佛教發展。西藏佛教史稱西藏『後弘期』的『上路弘法』運動即由此發端，阿里的托林寺也可以說是上路弘法的發祥地。據藏文史書記載：托林寺是倣山南桑耶寺而建的，它除有主殿外，還有供僧衆聚會習經的殿堂、佛塔、僧舍等。主殿朗巴朗則拉康意為遍知如來殿，中心由五間殿堂組成一組十字形平面的殿堂，象征須彌山。四周由若干小殿堂組成平面為多折角形的一圈殿堂，以象徵四大部洲和八小部洲。四隅建四座高塔。殿堂均為一層，體量及佔地規模均不如桑耶寺，但內容相同，且結合緊湊。托林寺的建築雖也和衛、藏地區的一樣，是土木混合平頂結構，但其屋架細部做法、裝飾，檐口的材料、做法，甚至壁畫的畫法風格等，都和衛、藏地區的有較明顯的區別，且融入了較多的印度、尼泊爾等周邊國家地區的風格，而形成西藏西部地區的特點。

發展期

時間是十三世紀中葉至十五世紀初，即從薩迦派受元朝的支持，取得西藏地區統治地位的時間開始，至公元一四〇九年格魯派成立以前的一個半世紀，相當於內地元代至明初時期。這時的西藏佛教已不是一個地區的教派，它受到中央政權的扶持，並利用它來協助中央對當地的統治。正是有這樣的政治背景及經濟基礎，使它能深入發展和越出地區民族界線，創造了蓬勃發展的前提。

這時期的西藏社會特點是：結束了長期互不相屬的混亂局面，由一個個較強大的領主，統屬若干較小的領主，而形成一個很有政治、經濟實力的僧俗集團。它們之間雖沒有從屬關係，但都在中央的統轄之下。元代薩迦昆氏家族集團受中央扶持，成為西藏地區最有勢力的領主，至十四世紀時，因內部分裂而衰落，被逐漸強大起來的噶舉派中以帕竹噶舉為首的朗氏家族打敗。帕竹噶舉向元朝中央請得大司徒的封號，建立了帕竹地方政權，從而取代了薩迦在西藏的地位。到十五世紀初，噶舉派中的噶瑪噶舉又取代了帕竹。百餘年後，噶瑪噶舉又被另一貴族辛廈巴取代。這一時期雖有較小的地方紛爭，但總趨勢是逐步走向聯合，社會在比較平穩地發展。

這時期新興的貴族世家和各派寺院集團緊密結合，前者甚至牢牢控制著後者，各地方首領均以宗教首領的身份，來爭取中央的承認和支持。如元代薩迦寺成了昆氏家族的家廟，寺內有處理地方行政辦事機構的建築，而成為地方政權的所在地。帕竹噶舉教派一直為朗氏家族所把持，當時的寺院所在地山南的乃東，也即是該地區政治、經濟和文化的中心。

這時期的寺院建築總體規模很大，其中既有宗教性的建築，也有地方行政管理機構的建築。寺院根據地勢或據河谷盆地，或依山傍水自由佈置，佛殿和經堂結合在一幢建築裏，經堂的面積比前期擴大有相當規模。如薩迦北寺傍河依山迤邐而建，蔚為壯觀，其中行政管理性建築多為樓房。薩迦南寺建在開闊的河谷平地上，主體建築圍成一個大院落，其中有佛殿、經堂、靈塔殿、藏經室等，經堂內可容數百人習經聚會。寺主的拉章（薩迦寺稱為頗章，意為宮殿）建築就是一座世俗貴族的高樓大院，而僧舍僅像平民小院落。整座寺院儼然一座城堡，外圍有堅厚高大的圍牆，四角有角樓，兩側有『城樓』，僅有東面一座門樓供出入，『城』外還有護城河及羊馬牆，防禦性極強。

夏魯寺與薩迦關係密切，建寺時受元朝中央的重視與資助，今所見夏魯拉康由前面的院落和後面的主殿組成。後面主殿平面為凸形，兩層，底層前面是入口，中央是經堂，後部三面是佛殿，三面佛殿的後面有一條可環行的轉經道。二層四面是佛殿，中央是天井，形如一個四合院。四面佛殿均為木構架歇山頂，上施綠琉璃瓦，儼然是一座漢式院落。這種在藏式平頂建築上面，建漢式歇山頂建築的組合形式，上下層結合巧妙，突破了以往藏族傳統形式，是藏漢建築文化交流的結果。後來的很多建築就是在此基礎上進一步發展，創造出了一種藏漢結合的新形式，它豐富了藏族建築的形式，在藏族建築史上，確是一項重要的創新。

在此以前的寺院，包括吐蕃時期的小昭寺、桑耶寺等的主殿，朝向均向東。大昭寺據史載是尼泊爾公主所建，她的祖國在西方，故朝西。其他如建於吐蕃時期至十一世紀的乃東吉如拉康，重建於十二世紀的瓊結若康、托林寺、湼當度母殿、薩迦南寺、夏魯寺等等的主殿均朝東，其中很多寺院是建在平原上而非地形影響所致，說明這時期的朝向是刻意選擇東向的。

繁榮期

繁榮期從格魯派創立的十五世紀初至十九世紀末英帝國主義武裝侵略西藏的時期，共經歷四個世紀。黃教教主宗喀巴抓住時機改革宗教，創立格魯派，立即得到明朝中央的重視與支持，宗喀巴及其弟子們在短短不到四十年的時間內，在西藏即先後建立了黃教四大寺院，勢力遍及整個藏族地區。到十七世紀末，十八世紀初的清朝初期，格魯派又得到清政府的大力支持與推崇，在西藏取得政教大權以後，於康熙四十九年（一七一〇年）建成甘肅的拉卜楞寺，並擴大青海塔爾寺，而形成著名的黃教六大寺院。一些其他教派的寺院也紛紛改宗黃教，黃教勢力越出藏族地區，傳到土族、蒙族地區及內地，蒙族地區普遍信奉喇嘛教。在內地形成北京、承德及山西三個喇嘛教中心，使喇嘛教從繁榮發展到了頂峰。

這時期的寺院數量衆多，分佈廣泛，且有不少規模極大的寺院。在藏族地區，幾乎每個村落都有寺廟，甚至在牧區也有帳篷寺隨牧民遷移。一些寺院規模很大，它經歷數十數百年在不斷擴大興建，佔地大者數十公頃，建築面積數萬數十萬平方米，建築遍山漫谷，宛如一座城鎮。其內僧人成百上千，如拉薩三大寺清代核定僧人少者三千三百人，多者五千餘人，這是國內漢族或其他民族的寺院望塵莫及的。寺院在藏族傳統的建築形式上發展，創造出多層高大的樓房和面積數千平方米的聚會大殿。創造出不少新類型，在建築造型、裝修及色彩運用上，達到很高的藝術水平。其總體佈局特點是自由式。

在蒙族地區，寺廟一般有三種佈局形式：一是純藏式，即從總體佈局到單幢建築的形制都採用藏式，如包頭的五當召。二是純漢式，當地稱是去五臺山請經禮佛時帶回的樣式，如錫林浩特的貝子廟、東烏珠穆沁族的喇嘛庫倫廟、多倫諾爾的匯宗廟、善因寺等等，均是沿軸線佈置的漢族佛寺式樣。第三種是混合式，數量很大，特點是沿中軸線對稱佈局，後部的主體殿堂平面是前經堂後佛殿方式佈局，體量很大，造型是在藏式平頂建築上建漢式坡屋頂，樑柱門窗採用藏式，並在窗上做瓦檐，如呼和浩特市的延壽寺（席力圖召）、無量寺（俗稱大召）、崇福寺（小召）及武川縣的百靈廟（俗稱貝勒廟）、廣福寺等等。

漢族地區多採用傳統漢族佛寺的軸線對稱佈局方式，後部有一組龐大的主體建築。

這時的建築內容與類型發展完善，佛殿與經堂分離，大寺院按不同習經的內容，設置一個至數個修習不同內容的札倉。有供全寺僧衆集會的總聚會殿，有夏天在户外的習經辯經場所，有專門供奉高大佛像的佛殿或供奉教主靈塔的靈塔殿，有大小佛塔、轉經房、廊等，有專門雕版、印刷及貯藏佛經和製作供品、香條等的建築。大寺院由於僧人衆多，僧舍已從平房發展成樓房，有供寺內管理機構使用的建築，還有接待香客的用房等等。蒙族地區及內地的喇嘛廟中，還有鐘鼓樓及碑亭、牌坊等內容。這時主要殿堂均朝南，佛殿後取消了轉經道。

清初，順治邀五世達賴進京覲見，黃教集團在西藏得勢，即建布達拉宮作為全藏的政、教首府，也是達賴喇嘛的宮室。布達拉宮由山前的宮城、山頂的宮室及後山的湖水園林組成。宮室區包山而建，內有供達賴喇嘛處理政教事務的殿堂、佛殿及起居生活的宮室，這時山上的主體僅是白宮，半個世紀後五世達賴圓寂，在白宮之西建紅宮，供奉已故達賴喇嘛的靈塔及增建一些佛殿。此時山上主體形成紅白二宮並列的形式。布達拉宮集藏族建築的多種類型於一體，運用了各種藝術手段，它自興建以來還不斷在進行擴建，其外形一直是如從山巖上長出的一般宏偉、壯麗、統一完整，在建築技術上和藝術上都是藏族建築中的光輝典範。

清初，由於政府大力支持、尊崇喇嘛教，使得寺院集團迅速膨脹，以致影響、阻礙社會生產力的發展，後來政府遂逐漸對喇嘛教進行嚴格的管理和限制。如在中央設管理機構，同時對甘、青及康區藏族地區廣封呼圖克圖大喇嘛，並先後册封章嘉呼圖克圖和哲布丹尊巴為內、外蒙的教主，用這種廣封衆建的政策以分其勢。此外，嚴格限制各地喇嘛廟的數量、規模，控制其經濟，嚴格規定寺廟的額缺（僧人數量），這樣，扼制住了清初喇嘛教寺院集團的急速膨脹。

由於藏族地區長期實行封建農奴制度，嚴重地阻礙了社會的發展，人民日益貧困。而中國由於清政府的腐敗無能，自十九世紀中期鴉片戰爭以後，淪為半封建半殖民地的社會，帝國主義侵略勢力也侵入西藏，並挑撥達賴和班禪之間的關係，腐敗的清政府對外軟弱無能，對內也不能調和他們之間的矛盾。由於以上內外原因，自清中葉以後，藏傳佛教各派包括格魯派也就日益衰落，以後就沒有能力再建新的寺院，有的甚至竟無力維修原有的寺院建築，而任其衰敗毀圮。

（二）藏傳佛教寺院布置

佛教在吐蕃時期從外地傳入西藏，寺院建築是在本民族傳統的基礎上，融進佛教藝術而創造出的一種新的建築形式。最早的大昭寺是二層平頂建築的院落式，至八世紀興建的寺院桑耶寺，是用外來式樣佈局，將主體建築建在中心，四周建次要建築，文獻中還提到中心主殿內一層佛像用藏式、二層用漢式、三層用印度式的不同做法，說明內外宗教文化的交流。後弘期的寺院建設受當地自然環境、民族傳統習慣的影響，並不斷吸收外來文化而發展，它豐富和發展了藏族建築文化。當藏傳佛教進入繁榮期，向蒙族地區及內地傳播時，其建築又結合當地民族傳統而發展。

農村小寺建在村邊或村裏，有一個唸經房，內供佛像，一兩間僧房，形如當地民居小院，祇不過在廟外建一座佛塔、一個瑪尼堆或插經幡，以增宗教气氛。牧區則將佛像供在帳篷內，在此朝佛誦經，僧人居住在另一座帳篷內，此稱帳篷寺。

一般的大寺院總體佈局為自由式和沿軸線佈置兩種形式。西藏地區很多大寺院建在半山區，經數十年甚至數百年的逐漸擴建而成，如有名的黃教六大寺院都是如此。它們中有的據地形在一定時期建成一組建築群， 如是由幾組建築群而組成，如哲蚌寺、色拉寺、塔爾寺等即是；或將一些高大的主體建築有意建在山腳較高的地勢上，前面平地上則逐漸建低矮的次要建築，如札什倫布寺、拉卜楞寺均採用這種佈局方法。這是結合地形的最佳辦法，大概也是藏族傳統建築的重要手法。

沿軸線佈置的方式用在廣大的蒙族地區及內地，有的在前部還設鐘鼓樓，完全採用漢族佛寺制度。如青海樂都瞿曇寺採用廊院式，院前左右建碑亭，鐘鼓樓設在左右廊廡，形如典型的漢族佛寺，但院內左右建有喇嘛式塔，説明它是喇嘛寺。承德的『外八廟』分前後兩部份，前部按漢族佛寺制度佈置，後部建體量巨大的藏式主體建築，前後部份結合統一、和諧，達到了很高的藝術境界，是藏漢建築文化交流的結晶，它們在清中期的建築史上，是光輝的一頁。

(三) 藏傳佛教寺院殿堂

藏傳佛教寺院最主要的宗教活動場所就是佛殿和聚會殿，它們的體量都很高大，是寺內的主要建築。

佛殿：內供佛像，是信徒朝拜禮佛的場所；也有供佛塔或高僧的靈塔，而稱塔殿或靈塔殿。

佛殿、塔殿有獨立式的，也有和聚會殿組合在一起的，位置在聚會殿之後或兩側。佛殿的特點是高大。早期的佛像一般僅比人身稍大，加上佛座，總高也僅三四米，殿堂內部淨高約五米，約一般兩層建築的高度即可。明清以降，佛像、靈塔都很高大，如白居寺措欽殿和拉卜楞寺的壽喜寺內佛像高度均超過五米，札什倫布寺最大的強巴佛高度超過二十六米，加上佛座總高近三十米；布達拉宮及札什倫布寺的靈塔高度都超過十米，甚至達十四米。這種大佛、高塔兩三層高的殿堂是裝不下的，於是出現四五層甚至五六層的高樓，內部空間從底層直通頂層以容納大佛、高塔。佛殿的典型平面佈置是：以高大的佛殿為主體，殿前有一個天井，天井周圍有廊屋而形成一個封閉的院落。主殿的造型特點是在一座面積不大，平面方形或近方形的藏式平頂樓房上，再建一座歇山式屋頂建築，且這個屋頂往往使用鎦金屋面，外觀宏偉華麗，金頂是重要殿堂的標誌。內部的佛像、佛塔或靈塔幾乎佔了整個內部空間，而形成（朝拜）人小佛大的局面，宗教的威嚴和神秘氣氛很濃。

佛殿還有一個特點是：早期在佛殿外有一條可環行的轉經道，從大昭寺、桑耶寺、夏魯寺至明初的白居寺均有，哲蚌寺的措欽佛殿外也有轉經道的痕跡，以後就再很難見到了。

和聚會殿組合在一起的佛殿位置在聚會殿的後部或兩側，這種佛殿內部空間衹有兩層建築的高度，下部不開窗，殿內光線昏暗，在上部高出前面經堂的部分開窗，光線正好投射到佛像的頭部和上半身，這種光影效果創造出一種神秘的宗教氣氛。如白居寺措欽大殿及西藏黄教四大寺院的札倉內佛殿做法都如此。

聚會殿：又稱經堂，是僧人聚會習經的場所。明清以來黄教得到充分發展，一些大寺院相繼建立，由於僧人人數不斷劇增，經堂面積要求越來越大，如被譽為『東方第一大殿』的哲蚌寺總聚會殿由於不斷擴建，最後形成有一八三根柱子，建築面積一八〇〇平方米，可容數千僧衆在此聚會的大殿堂，其後面的佛殿面積，相對就很小。現實中也有經堂後面没有佛殿的，如青海塔爾寺大經堂後面或左右都没有佛殿。

經堂面積很大，外牆不開窗，為了解決殿內的採光通風問題，一般在中部稍靠前方部位，用幾根長柱，使這部份空間升高，在升起的正面及兩側開高側窗，經堂即靠此採光通風。二層在突出側窗的左右及前面退出一間的距離為天井，在入口門廊的上部建辦公室，作經堂的管理用房。二層左右房間向外開窗，正面房間開大窗。經堂後面的佛殿層高大，屋頂直達經堂的二層，在其上再建一層佛殿或管理用房，也可作為活佛的拉章。這是西藏地區經堂的典型佈局。

承德外八廟前部採用漢族佛寺佈局，後部建體量高大的主體建築，如普寧寺的大乘閣是一座有五個屋頂的高閣式佛殿，普樂寺後部是一個內供佛像的大圓亭，普陀宗乘和須彌福壽後部的大紅臺是一組群樓，天井內均有一方形殿堂，作佛殿也作僧衆聚會講經用。

蒙族地區的藏漢式混合佛殿，多在藏式平頂建築上建一個歇山式瓦頂建築，但如經堂面積大，可在藏式平頂建築上建前、中、後三個坡屋頂建築，如呼和浩特席力圖召和百靈廣福寺的主體建築都是這樣處理。

（四）佛塔

塔，最初用來供奉佛骨，後來也用於供奉佛像，收藏佛經或保存僧人遺體。西藏佛塔在印度塔的基礎上發展而成由基座、塔瓶及塔頂三部份組成的形式，俗稱喇嘛塔。佛塔有很多名稱，一般根據佛祖的生平大事而有八種塔名，它們的外形總比例相同，僅細部稍有區分。塔置於殿內的有佛塔、紀念塔、靈塔等，設在室外的多為佛塔。數量上有單座設置的，也有數座、甚至數十上百座成行排列的。

西藏地區的佛塔有大有小，小的僅數十厘米甚至數厘米高，多供奉在室內。大塔有超過二三十米的，均用在室外，其特點是在巨大的塔座層級、塔瓶及塔剎內都有活動空間，內供佛像，牆壁上有壁畫，信徒不僅可以繞塔朝拜，而且可以進入塔身內禮佛朝拜。保存得較好的是白居寺塔和昂仁縣日吾其寺金塔，平面均為多折角亞字形，塔高均在三十五米以上，內部有九層空間。北京妙應寺白塔、山西五臺山大塔院大塔均很高大，但都是實心塔。日吾其寺金塔、白居寺塔及內蒙烏審召八角喇嘛塔的塔身每面都有一雙大眼和彎曲的長眉，很有特點。

塔的材料有土、石、木、金屬等，西藏西部地區因當地气候乾燥少雨，室外塔均為土質，江孜白居寺塔也用土坯砌築，外壁抹泥漿再刷白色。喜馬拉雅南坡的亞東地區多雨，室外塔多為石質。衛藏及蒙族地區多為石塔，內地多磚石塔，承德外八廟因是國家出資興建，在磚塔表面貼彩色琉璃，極盡華麗之能事，拉卜楞寺的唐貢塔建在室外，外表鎦金，亦很華麗。

室內塔較大的約三至五米高，有土坯砌築的，外抹泥漿並施彩繪，如薩迦南寺靈塔殿內已故的薩迦教主靈塔即是。更多的是木質或金屬塔。最為華麗的靈塔是內部用木質骨架，外包金、銀皮，並飾以寶石、珍珠，如布達拉宮內已故的達賴喇嘛靈塔是外包金皮，札什倫布寺內的已故班禪靈塔及塔爾寺大金瓦殿內的宗喀巴紀念塔均為外包銀皮的銀塔。

喇嘛式塔由底部的塔座、中部的塔瓶和上部的塔頂三部份組成。塔座平面方形或多折角方形，上下均有三層疊澀外出，中部收進如須彌座形。塔瓶部份由下面的三層疊澀層級、中部的塔瓶和上面的塔斗組成，下面層級平面有方形、多折角形和圓形等，一般就是因這層級的平面形式不同而稱不同的塔名。塔瓶在衛藏地區為球形或圓柱形，在西部阿里地區為扣鐘形。上面的塔斗平面多方形，也有多折角形的。塔頂由塔剎和上面的傘蓋、寶珠或日月等組成。塔在發展過程中，因時間和地域的不同，其造型、各部比例也不盡相同，如早期的薩迦塔與後期格魯派塔有區別，西部阿里地區的與衛藏地區的也有區別，清代以後蒙族地區和內地的形制卻大抵和格魯派的相同。

格魯派發展以後，為了宗教的發展，對塔的形制和各部名稱、比例等進行研究並加以定型，如傳說的布頓大師、塔爾寺寺主及桑傑嘉措等大德都曾對此進行過研究。如用方格法即將塔的高、寬分成若干相等的份數畫成方格，即能看出塔的各部份比例，依此法即可在各地方便地建塔。明清以來，特別是清代，在廣大的藏、蒙地區及內地興建了衆多的喇嘛塔，雖然它們用材不同，尺度不等，但它們的比例大致相同。特別是布達拉宮內的達賴靈塔，從五世至十三世達賴，它們的尺度不盡相同，經實測後，它們的比例都相同，說明它們是依據一定的『做法規矩』，纔能在不同時間、不同地區用不同材料，建造出造型比例相同的塔來。從實際情況看，為了佛教事業的發展，關於佛像的製作標準早已研究出了《佛像量度經》，佛塔也同樣應有它的製作標準，就便於在各地傳播推廣。

（五）活佛公署與僧舍

寺院裏有供僧衆居住生活的活佛公署和僧舍，它們的建築尺度及裝飾程度均不及佛殿、經堂等建築，但數量很大。寺院也和世俗社會一樣等級森嚴。雖然按教規要求僧人生活簡樸，居住七尺之地即可，但實際上活佛和上層僧人宗教地位高，有雄厚的經濟基礎，他們的生活和住處則和世俗社會中貴族頭人的一樣。

活佛的住處藏語稱『拉章』，甘肅地區稱『囊謙』，青海稱『尕哇』。拉章是一個活佛的私人宗教經濟事務管理機構，有一系列的管理、服務人員及其用房，即相當於活佛公署及其管理機構。其建築內容有活佛私人使用的佛殿經堂、生活居住用房，管理人員辦公及生活用房，各種庫房、馬廄等。建築佈局組合各地有別：西藏地區多為主樓前帶院落的形式，即將佛殿經堂、活佛住房及重要庫房等組合在一幢三四層的主樓內，樓前天井周圍建二層建築為辦事人員用房，有的另建側院為馬廄、廚房等，建築規模及形制與當地貴族莊園、住宅相同。甘、青及內蒙地區的活佛公署，則是由一些平房院落組成，有的院落供進行宗教活動用，有的作為活佛生活起居用，有的則是服務人員辦公管理及生活用房，也有是做庫房、馬廄等生活雜院，如當地貴族頭人的大型住宅，祇不過加強和擴大了宗教活動用房。

僧舍：西藏地區早期的僧舍和一般民居同，即是一些平房小院，明清以來由於學院集團迅速擴張，有的大寺僧人成百上千，所以僧居建成二三層甚至四五層的樓房，樓前一般有庭院，院周圍是一二層的附屬建築，作庫房、廚房、馬廄等用。甘、青及內蒙地區的僧舍，是當地民居形式的平房院落，一人或師徒共居一室，室內有火炕、櫃、炕桌等生活家具，有爐、竈等供取暖做飯，院內單有一室不住人做佛堂，供僧人禮佛習經用。

（六）建築結構與做法

由於高原特殊的自然氣候及物產的影響，藏族人民具有自己特有的生產、生活習慣、風俗文化和審美情趣。藏族地區基本上是平頂建築，《唐書・吐蕃傳》就有『屋皆平頭』的記載，所以平頂建築應是藏族建築固有的傳統形式。在藏族地區發展起來的藏傳佛教建築，是藏族建築的代表。它在用材、結構做法上均有自己鮮明的特點。藏族建築自成體系，屹立於中華民族建築之林。當元明以降，特別在清初喇嘛教向蒙族地區及內地發展，藏族建築的風格以藏傳佛教為媒介向這些地區發展，與當地民族建築交流結合，創造出新的形式，使中華建築文化更加豐富、多彩。

結構用材

藏族建築是土（石）木混合結構，牆體和柱樑同時承重。其特點是：樑和建築的橫軸平行，即樑柱組成縱向排架，在樑上平鋪椽子，椽上置樓層或屋面層，即成樓房或平屋頂。

基礎和牆體：基礎一般用石塊，牆體視地區不同而有土、石之分：山區產石，多為石牆；河谷平原地區石材不多，除基礎用石以外，均為土牆。土牆中又分為夯土和土坯兩種。明、清以後格魯派得勢，黃教寺院集團經濟實力雄厚，此時大寺院的主要殿堂大都用石。如早期的薩迦寺、夏魯寺、白居寺均為夯土或土坯牆，而黃教四大寺、布達拉宮和清初以後逐漸發展起來的羅布林卡等的殿堂均為石牆。石牆外壁均有較明顯的收分，一般為高度的百分之十二左右。所以有些高大建築石牆底部很厚，如布達拉宮的石牆底部厚達五米以上，可見工程量之艱鉅。石牆的砌法是分層砌築，即先乾砌一層較大石塊，用小石片將大石左右縫隙塞嚴找平，再砌一層大石，如是往上層層砌築。石塊之間不用泥漿，所以不怕雨水衝刷。石牆外觀平直整齊，且突出了大小石層的橫線條。夯土牆外皮也有較明顯的收分，大建築外牆也很厚，如薩迦南寺主殿外牆厚近二米，一般牆體厚度也在一米左右，夯土牆頂層厚最少也大於五十厘米。土坯牆外表收分很小或不收分，大建築外牆厚度近一米，內牆的厚度比外牆小，一般牆內垂直，有的是每上一層，從地面起兩面各收分一點，土坯牆頂層厚大於四十厘米。

寺院主要建築外牆多施紅、黃、白等色彩，僧舍白色或黃土色。在石牆面施色，是從上往下用壺或桶直接往牆上倒淋色漿。土牆則先在牆面抹含砂的泥漿找平，待泥漿乾後再施色。

柱樑構架：柱、樑、椽等均為木材，結構方式是柱上放樑，柱頭有斗，柱樑間有兩層過渡的替木（上稱弓木，下稱元寶木），在樑上平鋪椽子，柱樑間的接頭是平接和上下搭接，不用榫卯，但在上下構件之間如樑與下面的弓木、元寶木、斗與柱頭等之間有暗銷。樑、椽端伸入牆內，樑端入牆深度較大，約半個牆身；椽端入牆約三十厘米。有的在樑下墊一塊木板。

柱：斷面一般為方形，次要建築有用圓柱的。但早期的建築如薩迦南寺的大經堂及納當寺御用稍經砍削的原木。一般殿堂柱較大，斷面多為多折角方形，外觀效果很美。仔細分析其做法是由中心一根方柱，外用比柱身周邊稍窄的四塊或八塊木板拼合而成，柱身上下有黃銅或鎏金的箍，既使柱身結合為一整體，又增加裝飾效果。這種多折角的方柱有粗壯華麗的效果。用小料拼成粗壯柱子的做法，說明當時當地缺乏大木，又要使構件粗壯華麗，是工匠們創造出的一種兩全其美的辦法。柱身稍有收分，取得了穩健的視覺效果。

柱頭有斗，斗的外形與柱相宜。最簡單的做法是在柱頭刻出斗形，殿堂及前廊的多折角方柱則單獨做斗。

斗上有替木，目的是加大樑柱的接觸面和減少樑的跨度。殿堂樑柱間有上下兩根替木，下面的較短，僅兩又半個斗的長度，稱元寶木；上面的較長，約大於二分之一開間，據說其長度為一弓，故稱弓木。元寶木外形是兩端做半圓弧形上收，弓木最簡單做法是在兩端向上斜收，更多的是在底面有兩三個彎曲再向上斜收，從其兩端的彎曲形式，大致可以看出建築的時代性和地區性。弓木的高度等於或小於樑高，但比元寶木高；寬度稍大於樑而又略小於元寶木。一般建築在樑上放椽，但大殿堂先在樑上放一兩層短椽，然後再放椽，這樣可增加室內的淨空高度。

椽為方椽，早期椽距較大，後來就較密，中線距離僅兩倍椽徑稍多一點，甚至僅兩倍。椽上面有木板承重層，有幾種做法：考究的建築及阿里地區寺廟殿堂多使用木板；其它殿堂用規整的圓木或凸面朝下的半圓木緊密排列；一般建築用不規整的半圓木或較細的樹枝鋪平。為適應青藏高原高寒少雨的自然條件，在木板承重層上，鋪一層直徑小於十厘米的片石或卵石，厚約十厘米，找平，其上鋪約十厘米的土層，拍實，上再鋪約十厘米的阿嘎土（註），洒水，拍出泥漿，壓實，待乾灌青油壓光或磨光即成屋面或屋頂。屋頂在

註：一種白堊土，土質細膩，在西藏被用作屋頂及地面材料。

土層上找泛水，再做阿嘎土層。有的殿堂地面，在阿嘎土層未乾前，再做一層四至五厘米厚的面層，仔細拍實壓緊、磨光上油，真有光滑如鏡的效果。青藏高原氣候乾燥，雖無連綿數日陰雨，但土層畢竟不能防水，它僅靠屋面泛水能流走部份暴雨，其餘就靠一定厚度的泥土吸收雨水，若雨量過多，屋內則會漏水。所以雨後屋面稍乾就得碾壓，使土層緊密，減少滲漏。雪後也得清掃，除去屋面積雪。平時要經常修補屋頂以防開裂漏水。但過去現實中修理屋面方法並不科學，僅在原屋面上添做一層阿嘎土。年久屋面土越積越厚，甚至有壓壞下面木構架的例子。以後在修補時應先除去原有的防水層後再做新的。更應研究改性的阿嘎土，能更有效地防水。

樓層的柱網與底層同，做法是在下層柱頂處的卵石層上，放一塊面積較大的石塊作樓層的柱礎，周圍再舖土，最後柱腳稍埋入土中。

在藏式平頂上建帶斗栱的歇山式屋頂，從實例分析，最早的是夏魯寺，建築結構構架及斗栱的用材做法，均與內地元代建築相同。以後的大昭寺、布達拉宮、札什倫布寺等的屋頂構架及斗栱做法，已改進簡化，不同於內地漢族做法。甘、青地區有一個特點：明代以前多採用漢族及當地回族的做法，清以後黃教勢力大振，則多採用藏族建築形式，但也加進不少當地做法，如塔爾寺的大經堂及幾座札倉，均為磚牆，也用藏式樑柱構架，但外牆內仍用了壁柱，這與藏式傳統不符。承德外八廟的藏式建築，木構架已用漢式做法，僅保留外表藏式裝飾做法。蒙族地區藏式平頂上的歇山瓦頂，結構做法均採用漢式。

檐牆

在藏式平頂建築外牆頂部，都有一米多高的女兒牆，在女兒牆外面及下室窗口上部的外牆面，簡稱檐牆，因用材及色彩的不同，而區別建築的等級。按傳統規定，衹有具有佛家三寶（佛、法、僧）的建築，如在寺院就是佛殿、聚會殿和活佛公署等纔能做『邊瑪檐牆』，這是最高等級的建築。其次的建築衹能在檐牆部位施以色彩（紅、棕、黑色）與牆體區別。一般建築檐部不施色彩與牆體一致。邊瑪檐牆的做法是：用直徑約五毫米、長約二十余厘米的檉柳枝（藏語稱『邊瑪』）捆紮成直徑約六至七厘米的小捆，因大型殿堂頂部的牆體厚度一般有六十厘米，砌築時外牆面就用一捆捆的檉柳枝束大頭朝外砌築，上下用竹簽穿釘而成一整體，外表拍平，內牆用石塊砌築，檉柳枝束的後尾也被內牆的石塊分層壓住，使石牆和樹枝牆成一整體。在邊瑪牆的上下，有一條藏語稱為星星木的木條，下面的木條由牆面挑出的椽頭承托，上面的木條上用片石稍挑出做成檐口排雨水，頂上壓石塊，用阿嘎土做成屋脊。邊瑪檐牆刷深棕色，在檐頂部形成一條深沉的色帶，其色彩與質感與下面的土石牆面迥然不同，深沉中帶有輕絨感，勾勒出建築頂部的輪廓線。很多殿堂還在邊瑪檐牆中，點綴幾塊鎏金的飾件，在暗色帶中顯出耀眼的金點，藝術效果極佳。

邊瑪檐牆一般從頂層窗口上皮開始，上至女兒牆頂部，高度近二米。但有一些特殊高大的殿堂，是從頂層下面一層的窗口上皮開始，即約有五米的高度，如布達拉宮的紅宮與白宮均是這種做法。即特別高大的建築，要有意加高檐部的深色帶，外觀比例纔好，這是藏族建築家對建築比例處理的一種手法。

比邊瑪檐牆低一等的做法仍是在建築頂部做出一條深棕色橫帶，但不用檉柳枝，做法是在頂層的窗上皮及女兒牆頂部，用片石各挑出一條橫線，在上下橫線之間的外牆面抹平，塗深棕色、紅色或黑色，使建築頂部呈一條深色橫帶和牆面色彩相區別。

在深色的檐牆下面，除白色牆體外，都有一條高約七十厘米的白色橫帶，與下面的紅色或黃色牆面分開，很醒目，是極成功的色彩藝術處理手法。如布達拉宮的紅宮、札什倫布寺的很多重要殿堂及薩迦南寺的主殿外牆都是紅色，紅牆上有一條白色橫帶，最上面是深沉的邊瑪檐牆，中間的這條白色橫帶起到區分、顯示色彩的重要作用。

門窗

藏族寺院的門窗，有獨特的特點。殿堂大門用厚重的紅漆雙開木板門，門上有鎏金的角葉、鋪首，門口左右有一兩層蓮瓣花紋的雕飾，門口上有一排木雕獅，裝飾華麗。在牆上開門的門口上，均做雨篷，方法是在門口上邊左右各挑出一華栱，上置大斗，斗上有兩三層下短上長的橫栱，橫栱之間有小斗，如漢明器上挑栱的做法，最上一層橫栱上，有形如雀替的弓木，弓木上置枋木，上面再放椽與飛椽，上再做挑檐屋面。挑檐既可避雨，且又突出了入口。

窗户也很有特點。殿堂入口上面的第二層中間，一般開大於一個開間的一排大窗，若有三四層，則上面的窗口層層加大，其他均為長方形的小窗。窗口外左右及下面塗上小下大的梯形黑色窗套，窗口上出兩重短椽（下為方椽上為飛椽）挑出的小檐，外觀十分特殊醒目。窗口的特點是長方形，高寬比在二比一以上。排列特點是下層窗面積小，外形細長，往上窗口逐層加寬。底層不開窗，或僅開不及十厘米的細長口，如堡壘上的槍眼，上面大窗口寬度也僅約一米。窗內有木板窗扇，平時開啟。中間的大窗內有黃布窗帘。一般窗特別是僧舍的窗內有兩塊鑲有藍邊的白布窗帘，平時從中間撩起，以利採光通風。向內院窗的面積較大，甘、青地區內院窗户均用當地漢族常用的大花格窗，內糊白紙，近世已有用玻璃的。承德外八廟倣藏式建築的很多外窗，也採用藏族窗的形式，不過經過改造，如在窗口左右用青磚做出梯形窗套，或在窗口上用黃綠琉璃做成垂花門裝飾，遠看也有藏族寺院窗户的效果。

室內裝修與陳設

藏傳佛教寺院的殿堂，是從事宗教活動的場所，室內的裝飾陳設等是為宗教活動及為渲染宗教環境氣氛而服務的。通過對木結構構架及構件，進行精心的裝修設計，用雕刻或彩繪的裝飾手段，以及各種陳設，製造威嚴富有、華麗多彩及神秘的氣氛。如重要殿堂，從入口門廊開始，對大門、殿內的樑柱，以至天花的木作都精心設計，在雕刻之上再塗以色彩。如殿門口左右及上面，有數道雕刻彩繪的花邊，門口上有一排木雕的獅子。大門有金屬或鎏金的角葉，有雕鏤精細的金屬鎏金鋪首。阿里古格遺址紅廟大門扇上還雕刻梵文的圖案。

前廊和殿的樑柱木構，用料碩大，製作精細，柱斷面為多折角方形，柱頭，斗及上面的元寶木、弓木、樑等都有雕刻彩繪。如在白居寺的措欽大殿、布達拉宮的五世、七世達賴靈塔殿內，有內槽斗栱。夏魯寺主殿二層四座殿堂及白居寺措欽大殿頂層佛殿均有繪以彩畫的天花。（白居寺頂層佛殿的天花為六角形，極為少見。）一些活佛拉章內窗花、隔斷製作精細，有的槅扇上還雕有福、祿、壽及八仙等圖案。

為創造殿堂內的宗教氣氛，殿內除設佛像佛座外，在佛座前的供桌，有的是由前低後高的三個條案組成。供品除有燈、淨水碗、瓶等內地漢族佛寺常見的供品外，還有用金屬或酥油做的曼札，曼札下面是座，上面有如火燄形的圓盤，盤正反面都有佛像、經文或佛家八寶的圖案。佛燈一般是高腳燈，燃料是朝佛者供施的酥油，燈有小有大，小者直徑僅五至六厘米，大者可達七〇至八〇厘米，內有數十根燈芯。有的還在供桌上供有很多小佛像。

殿內四壁都滿繪壁畫。有的在四壁及樑下掛很多唐卡。有的在殿堂兩側壁或後壁置通頂的木製經書架。一般經堂內柱身均施紅漆，柱身有柱衣，如布達拉宮紅宮內西大殿柱衣為白色鑲藍邊；塔爾寺及拉卜楞寺大經堂柱衣用有龍雲紋的彩色絨毯。有的柱身前面掛有彩緞製成的經幢，樑底掛彩緞製成的經幢，經幢直徑近一米，底部離地約一·七米。經堂內有從門口至後牆方向的一條條紅色或棕色氆氌製成的長坐墊，供聚會僧人趺坐。靠後牆佛像前設一高座，為僧衆習經辯經時法臺的坐位。所有這些色彩強烈鮮艷的陳設、裝飾，在光線極為不足，祇有搖曳昏暗的酥油燈照射下，產生一種神秘的光影效果，加上香煙繚繞，使殿堂充滿一種陰森神秘甚至恐怖的宗教氣氛。

佛殿是供奉佛像的場所，目的是供信徒來此參拜。殿內高大的空間塞滿了體形龐大的佛像，人們祇能在佛像周圍不大的昏暗空間內繞行、朝拜，要想瞻仰佛顏，非伸腰仰頸不可，使人感到佛大人小，產生自卑、渺小和壓抑感。殿內四周無窗，僅正面高處有側窗透進光線直照佛像頭部，真如佛經所云『舉世黑暗，唯有佛光』的寓意。

（七）建築藝術特點

藏傳佛教最早是在藏族地區流傳，其寺院建築即在傳統的藏族建築基礎上加以改進，使之符合宗教的需要。隨著宗教向藏族地區以外的土族、蒙族及漢族地區傳播，藏族建築文化和漢、蒙、土等民族的建築文化交流，豐富了原有形式，也創造了新的形式，使中華民族的建築文化更加豐富。如在蒙族地區的喇嘛廟，有從總體佈局到單體建築都採用藏族建築形式的，有的是採用當地傳統的佛寺形制，有的則是與當地傳統相結合，而創造出新的形式。在內地的五臺山及北京地區，則採用當地的漢族佛寺的形制，加入了藏傳佛教建築內容及某些藏族建築的細部。在承德最早的溥仁寺、溥善寺是採用漢族佛寺形制，後來的從普寧寺到普陀宗乘這些寺廟，則大量融入藏族寺院特點：它們前半部採用漢族佛寺軸線對稱的院落形式。後部主體部份，從佈局、體量、造型都倣藏式建築，並從體量、色彩、裝飾等方面突出這個主體，在細部上也刻意模倣藏族建築的處理手法，從而創造出藏漢結合的新形式。

藏傳佛教建築藝術特徵很突出：首先，它的藝術形象直接和它的功能要求聯係。寺院的功能是為宗教服務。從物質上說是一處供佛、參佛的場所，精神功能上是要求創造一種具有威懾力量而又神秘的宗教氣氛。外形堅實墩厚、挺拔高聳的巨大殿堂，面積不大的佛殿的高聳空間，廣闊而低矮的經堂空間、殿堂內的採光嚴重不足與局部強光的光影變幻而造成的陰森神秘氣氛，護法神殿內用黑底描繪青綠及金線的具有恐怖氣氛的壁畫等等均體現了精神功能要求。其次，以鉅大的建築形象反映宗教生活的主題。寺院內供奉佛像神祇的殿堂、僧衆進行宗教活動的聚會殿以及室外獨立式佛塔等宗教性建築，無一不是體量鉅大的建築物。宏偉、鉅大的宗教性建築成了寺院的主體，而且這些建築外觀色彩絢麗，其體形、色彩等均蘊含有宗教含義；內部裝飾繁華，牆面佈滿宗教內容的壁畫，甚至細微到一些構件的裝飾題材，都與宗教有關。第三，用多種藝術手段創造正面形象。人們對建築藝術的審美感受是通過環境氣氛、造型風格、象徵含義等方面達到的。藏傳佛教寺院一方面在選址上下功夫，選有『聖跡』的地方，如青海塔爾是黃教始祖宗喀巴的誕生地；或選遠離塵世，有山有水之地，再賦予周圍山水以與聖跡、宗教象徵寓意相聯係的故事。建寺後再人為地營建出一二處聖跡或與名僧事跡相聯係的遺跡。總之，選擇及營造一種具有宗教象徵、寓意的環境。再一方面運用統一、均衡、比例、尺度、韻律等藝術手段，來創造建築形象。

構造與形體

由於建築材料及運輸條件的制約，藏族建築的柱網開間、進深及高度都不大，而且大體相等。寺院的大型建築的開間，進深約三米，柱高也約三米，加上樑椽等高度，層高稍大於開間與進深，也即是一個柱網的空間近似一個正立方體。一幢建築無論是高聳的佛殿或宏大的聚會殿，都是面闊進深若干間，高若干層組成，其形體均為相同形狀的小立方體，組成不同高、深、寬的大立方體。一般佛殿平面均為方形或面闊稍大的矩形，其高度為三四層以上，以層數較多的札什倫布寺強巴佛殿、甘肅合作縣札木喀爾寺格達赫（九層樓）或拉卜楞寺賽康等為例，其總高也不及或接近面闊，所以立面是橫扁形或近方形，但它們經過處理在立面上形成三個凸凹面和將上下窗户處理成若干豎線條，加上外牆其它處理手法，增強了佛殿的聳高感。聚會殿面闊、進深均在近十間甚至十數間，但高度僅為兩層，底層無窗，是一個堅實的橫長方形。檐口的邊瑪檐牆，二層的窗户和底層無窗堅實的牆面，形成三條橫線條。這三條橫線條的色彩是上重下輕，但質感是上輕下重。橫線條的構圖非常明顯，顯出建築的鉅大體量。寺院內其它建築外觀構圖，也都是方形體，橫線條。

寺院重要建築屋頂檐部都使用邊瑪檐牆，次要建築檐部也塗棕色、絳紅或黑色，遠、近、上、下的建築都有這一條色帶，清晰地勾勒出建築的輪廓線。橫線條增強了建築的構圖，也以此統一了全寺的建築群。

橫線條是藏傳佛教建築藝術特點之一，也可從寺內衆多佛塔藝術處理中體現出來。本來喇嘛塔的形體是寬度小於高度，是一豎長的錐形體，除中部塔瓶部份是近於球形體以外，底部橫長方體的塔座是由若干橫線條組成。塔斗及以上尖錐形的十三天、寶頂等，則由更多的橫線條組成。塔外形雖是豎向形，但由於有衆多疏朗或細密的橫線條分割，使得佛塔外形更加豐富而富於變化，具有莊嚴、敦厚和清秀的感覺，而不是簡單的錐形體，這就是橫線條所起到的藝術效果。

在內蒙地區和承德的倣藏式喇嘛廟中，其主體建築的檐部，用彩色琉璃（內蒙）、琉璃佛龕（承德）或刷成棕紅色等，在檐部形成一條橫帶，勾勒出建築輪廓，其下在牆面上有帶黑色窗套的窗户，最下面是磚石勒腳，也形成三條明顯的橫線條。外立面構圖也使用橫線條，這是倣藏式建築的成功所在。

以藏族建築為基礎的藏傳佛教寺院的主要建築，總的構圖為橫方體，土石的外牆均有收分，尤以石牆收分較大，外觀上取得穩定向上的效果。簡單的形體、橫線條、小窗户，有的樓房底層無窗，而形成簡潔的牆面，具有渾厚粗獷的藝術效果。外牆用簡單而對比性強烈的色彩，極富熱烈奔放的感情。這些使得藏族建築具有立雕的藝術效果，這種美感是壯美，與漢族建築由點、線、面組成的柔美感，有迥然不同的藝術情趣和品味。

以大尺度體現神的威嚴

青藏高原的自然面貌是境內多高山大川，高山上白雪皚皚，藏北高原草原坦蕩，河谷盆地群山環抱，中有奔騰的河流。寺院多選在地勢較高的臺地上，用大體量而色彩對比強烈的成片建築，顯示它的存在，體現神的威嚴。由於社會歷史原因，藏傳佛教長期在藏族地區流傳，與政治結合在一起，宗教文化成為藏族文化的重要一部份，且滲透到人們的生活之中。如清代余慶遠撰《維西見聞記》記載，即使在藏族邊遠地區的雲南西北部藏族納西族地區，清初土司制度下的喇嘛與頭目的關係是：『喇嘛之長至，則頭目率下少長男女禮拜。』、『頭目有二三子，必以一子為喇嘛。歸則踞坐中庭，父若母皆拜。』可見宗教之深入民間，人們對喇嘛的態度如此，則對寺院更是『崇敬』。而宗教集團也就抓住人們的這一心態，把寺院建得突出、醒目。具體實例也證明寺院以規模宏大，殿堂高大雄偉為特點，來體現宗教威嚴。如現存的桑耶寺圓形外圍牆直徑三百餘米，中間的主殿高三層近二十米。黃教六大寺院，均佔地五六百畝以上，跨山越嶺，建築數千間，宛若一座市鎮，僧象數千人，大經堂數百上千平方米，佛殿高三四層以上。如今大昭寺佔地約一·三萬平方米，建築面積二·五萬餘平方米，中心主殿佔地約二千平方米。夏魯寺主殿高二層，佔地約一四〇〇平方米。承德普陀宗乘廟佔地二十二萬平方米，後面主體大紅臺，僅中間的大群樓即佔地約三五〇〇平方米。布達拉宮建築與山體融為一體，平地拔起一一〇餘米，東西寬三百餘米，何等的宏偉雄壯，何等的氣勢如虹，祇能用壯美二字形容！它前有宮城，後有園林池水，神權的威嚴中，卻又透出世俗的靈秀。可見這些寺院的總體佔地或主體殿堂佔地面積與建築體量的龐大，是漢族佛寺皆不能望其項背的。所以藏傳佛教建築的特點之一是大尺度，它用大體量來表現神的至高無上的威嚴，讓人們在它面前顯得渺小，產生自卑、膽怯畏縮心理，被所塑造出來的神所統懾、征服，達到了建寺者的目的。但是這種大尺度、大體量，並非是平面呆板的，它用一些不同前後、長短高矮、比例恰當、不同色彩的小體量，按突出重點的藝術規則，來組合成一個完善、雄渾的整體。若是一個單體，也用前後凸出凹進、高低錯落或用縱橫線條、不同大小的門窗及各部色調的變化，不同質感材料的運用等來組合處理，使之成為一個完美的整體。

運用均衡、對比、對稱等構圖手法突出重點

西藏地區的一些大型寺院，它們在不斷地擴建，或因教派的興衰變更，逐漸發展而成，其間經歷數十年上百年甚至數百年纔成今日所見面貌。如為紀念黃教始祖宗喀巴，在其出生地而建造的塔爾寺，最早是在明初洪武年間其門徒建一塔以作紀念，時過一百餘年至明嘉靖年間在塔旁建一小寺，又過約半個世紀至明萬曆五年建彌勒佛殿，之後適逢三世達賴經此而起到推動作用，先後建了一批佛殿和經堂，清以後擴建經堂及增建三座札倉，最後在一九二六年九世班禪過此，而將原大法臺辦公處改為『班禪行轅』而成今日面貌。可見它的興建從最早的紀念塔開始，到一九二六年的最後一次擴建，前後經歷了五百餘年。其他如拉薩三大寺，也是在明初建成一定規模，以後不斷擴建增建，也是經歷五六百年纔形成今日面貌。又如大昭寺，開始是供皇家供佛禮佛使用的兩層院落神殿，吐蕃時期曾遭禁佛而封閉破壞，後弘期以後又不斷得到修復擴建，十三世紀初增加樓層，十四世紀建了兩座金頂，五世達賴時期又重新更換和增建金頂，并增建四個角樓佛殿及其他附屬建築，直到一九五〇年還在重建前院北面的達賴拉章和新修威鎮三界閣等。即使是在黃教得勢並處於上昇階段有財力一次性興建的布達拉宮，半個世紀後因五世達賴圓寂，而決定在布達拉宮內興建他的靈塔殿，又增建了紅宮。之後，隨七、八、九等世達賴喇嘛相繼圓寂，又在紅宮頂層修建了他們的靈塔殿。直到本世紀三十年代十三世達賴喇嘛圓寂，再在紅宮西面建其靈塔殿並與紅宮聯成一體，前後經歷數百年的建設。

清代因政治需要，由皇家投資而興建的承德外八廟，因事先做好建築設計，集中人力物力，各用數年時間一次建成，並按時交付使用。與此相倣的桑耶寺，也由皇家出面集中

人力物力建成，後因戰亂、火災而多次毀壞、重建，今日所見規模、形制大體保持原樣。但經學者考證，今日所見象徵『鐵圍山』的圓形外圍牆，當時應是多折角形，可見隨著時間的推移它也是在變化。

寺院在進行建設之前，確實有一個設想，甚至有相當於今天的設計圖紙。如桑耶寺建設時，就由護寂按印度佛寺的藍圖進行設計。建布達拉宮時，按史料記載也先做出設計圖紙，最後由五世達賴喇嘛進行開光（相當於今所謂的審核、批準），然後動手興建。但寺院的設計者，是不可能考慮到數十年、上百年以後的發展的，但後來的擴建者，確是考慮到新舊建築的統一協調問題。

單體建築無論是佛殿或經堂，其形制逐漸定型化。它運用均衡與對比等的構圖手法，而達到造型端莊大方、穩健雄渾。

均衡

很多寺院都結合地形而建，有建在山頂的，如拉薩甘丹寺、布達拉宮、普蘭光柏林寺等等；有建在山腰坡地或丘陵地帶的，如拉薩哲蚌寺、薩迦北寺、內蒙五當召、青海塔爾寺等；有建在山腳臺地的，如日喀則札什倫布寺、拉薩色拉寺；有建在河谷平地的如札達托林寺、薩迦南寺、夏魯寺、甘肅拉卜楞寺等等。這些寺院都經歷了數十數百年的建寺歷史，建築規模都很大。如何來統一全局而又突出重點呢？它們的一個重要手法是：以某一個重要建築為主體，在其周圍建一些附屬建築而形成一個有主有次的群體。當有條件要擴建時，在附近又以某主要建築為主體，圍繞它建一些附屬建築，形成另一組群，如此發展，寺院內有兩三組甚至更多的建築群，用道路、綠化、圍牆把它們聯成一個大的整體。各建築群之間是採用均衡的手法，使高聳或成片的建築群之間，取得均衡之勢，而形成自由布局的整體。如哲蚌寺就是以四大札倉為主，各自形成一組建築群，在寺的西南部的噶丹頗章又形成一組，在這些建築組群之間，用道路、行道樹、圍牆、樹林等相聯，而形成有主有次，有虛有實的整體。又如塔爾寺是紀念宗喀巴而建，地址不可選擇，它建在一條彎曲山溝的起伏兩岸，開始在出生地建小塔、小寺，以後在此基礎上發展建成紀念殿、佛殿等一組建築。以後在北面入口處發展建成以小金瓦殿為中心的入口廣場、小花寺、太平塔一組；在南面建以密宗學院為主的一組建築；在東北面建大法臺一組建築；在山溝的東面擴建以阿嘉嘎哇為主的一大片僧舍，而形成大小繁簡不同的幾組建築群，用道路、圍牆等使它們相聯成一個整體，即用均衡的手法，使它們達到統一和協調。

對比烘托

有意將體量高大、外表色彩鮮艷、裝飾華麗的佛殿、經堂等建築集中在高處，而將體量較小、外觀樸素無華的僧舍等大量性建築設在地勢較低處，使之從體量、色彩、裝飾等方面產生對比，而達到突出主體的目的。如札什倫布寺背靠高山，前面是平地，將佛殿、經堂、歷世班禪靈塔殿、班禪拉章及瞻佛臺等主要高大建築，大致沿等高線的走向，從東至西建在山麓較高的臺地上，前面平地上建大片體量較小僧舍，用樸實無華的僧舍群來烘托高大華麗的主體建築。拉卜楞寺建在山腳的河谷盆地上，也是將佛殿、經堂等重要建築建在靠山腳地勢較高處，前面河谷平川上建衆多低矮的僧舍，在沿河邊再建一條數里長的內設轉經筒的轉經長廊，蜿蜒將寺院包裝起來，這既是教徒繞寺朝佛的轉經道，也相當於寺院的界牆，它也統一了這龐大的寺院。又如布達拉宮，前面宮城內是低矮的平頂房，襯托著後面高聳入雲的雄壯而華麗的宮室，創造出強烈震撼人心的壯美。

對稱佈局

托林寺及承德普寧寺後部大乘閣、普樂寺後部的旭光閣等，均以高大的主體建築為中心，在縱橫軸線上對稱地佈置次要建築，而形成以主體為中心，四周向主體內聚的佈局形式，從而突出中心的主體。

在漢、蒙族地區的很多寺院，均採用漢族佛寺沿中軸佈置重要建築的形式，而且建築體量往後逐漸增大，在最後形成高潮。如青海樂都瞿曇寺，內蒙衆多的『五臺式』、『混合式』的寺廟，山西五臺山的衆多『黃寺』，北京的雍和宮等均採用這種佈局，空間序列主次分明，體現出莊嚴肅穆的宗教氣氛。

單體建築無論平面佈局或立面處理，均採用對稱手法。如佛殿面闊單開間，中間稍大，左右對稱；或有前院，也是左右對稱佈置；立面處理也是對稱佈局，中間是門廊大門，左右無窗或對稱開窗；若是高層，二層以上中間開大窗，左右對稱開小窗；殿內佛像佈置是主尊居中，左右對稱佈置其他佛像。經堂也是單開間，中間面闊稍大，左右對稱；若有佛殿，或在殿後或左右對稱佈置；經堂二層，底層中間為門廊、大門，左右無窗；二層中間開大窗，左右對稱開小窗，顯得穩重、端莊。

對比的運用

藏傳佛教建築特別是藏族地區寺院建築，還運用對比的藝術手法，來加強建築的個性，增強視覺藝術的感染力。

利用建築體量的大小、高矮的對比。寺院裏高三五層的佛殿和面闊、開間近十間體量龐大的經堂與矮小的僧舍共存，它們的體量相差數倍甚至數十倍，這種大小、高矮的對比，給人留下深刻印象，從而突出主體建築的龐大、高聳。

利用建築空間的橫向開展與高聳發展的對比。如經堂高僅一層，面闊、開間均近十間十數間，而形成雖柱頭林立但卻是廣闊低矮的空間；而佛殿面闊進深僅三五間，高度三五層，內部空間直貫頂層，且內部有大佛或佛塔，空間高聳但擁擠，壓抑感甚強。空間形體的對比，突出了寺院建築的個性。

室外光線明亮，室內幽暗的對比。經堂外部不開窗，僅靠中部有部份高側窗採光，佛殿也僅靠頂層正面採光，殿內採光均嚴重不足。局部高側窗的光線卻照在經堂內多彩的經幢上和佛像臉部，昏暗中僅有局部強光，而產生眩光，正是這種明亮與昏暗的對比，加強了宗教的神秘性。

大牆與小窗的對比。佛殿、經堂及僧舍等建築，一般底層不開窗，二層以上除正面中間以外，其餘部位也是開面積不大的小窗。這種光潔的大牆面僅上層有為數不多的小窗，而形成大牆面與小窗的對比，體現出一種堅實感，給人以深刻印象。

堅實牆體與輕柔檐部的對比。寺院用土石外牆，且有較明顯的收分，建築外觀堅實穩重。寺院殿堂等級最高，均使用外觀有輕柔感的邊瑪檐牆，與下面光潔堅實的牆面在質感上形成強烈的對比，藝術效果非常好。

經堂和佛殿入口門廊上部，二層及以上的大窗，在質感上也與左右兩側光潔、堅實的牆面形成對比，從而也突出了主體的入口。

外簡與內繁的對比。佛殿、經堂及僧舍建築的外觀造型簡潔，而內部的木樑架、門等均施以色彩花飾甚至雕刻，內牆均有壁畫，再加上殿內的佛像、供品陳設，室內裝飾豐富，色彩華麗。這種外觀明快、渾厚而雄偉，與內部裝飾繁華且因光線不足而體現出幽暗神秘的宗教氣氛，形成鮮明的對比。

平屋頂與坡屋頂的對比。平屋頂是藏族建築的一種傳統標誌，當藏族建築文化與周邊民族特別是漢族建築文化交流以後，開始在平屋頂上，建一座或數座歇山式坡屋頂，方形體與三角形體的結合，創造出一種藏漢結合的多姿的屋頂形式，一種新的造型。自明初黃教勢力大興，在經濟上有一定實力，教主宗喀巴地位至高無上，圓寂後在其靈塔殿上，使用歇山式金頂。清以後黃教在西藏掌政教大權，故在達賴與班禪的靈塔殿上，也使用歇山式金頂。在雄偉簡潔的藏式平頂建築上加金頂，更增華彩。在藏式平頂建築群中，點綴數座施琉璃或金瓦的歇山頂，在總體的造型、色彩上，起到了畫龍點睛的作用，真乃神來之筆。

象徵與符號

運用象徵某種含義的圖形和使用賦予有某種意義的色彩來表現建築，可以暗示和擴大建築藝術的聯想境界。如認為天圓地方，則使用一些方形、圓形、三角形等圖形也就賦予了某種含義。如壇城圖案是密宗的一個重要圖案，它表示佛教徒的理想世界，既作為密宗修持儀規的組成部份，也可作為建築、佛塔的平面形式，如托林寺、白居寺措欽大殿、白居寺十萬佛塔等，均採用多折角方形的平面形式，以象徵壇城。在細部處理中，如主殿及門廊的柱斷面，也常做成多折角方形與壇城平面相同。再如藏傳佛教中『輪迴』觀念十分強烈，與其相適應的是在寺院、佛殿之外，均有一條順時針方向的轉經道，供朝佛者沿此道禮佛。拉薩是藏傳佛教徒心目中的聖城，不僅大昭寺內的主殿、寺院各有一條環形轉經道，稱內、中轉經道，還有一條環繞拉薩城市的轉經道，稱外轉經道。佛教所認為的八寶，就用傘、螺、瓶等八種器物的形象作為一種符號來使用。又如古格故城遺址紅廟中的壁畫中，有武士、大象、寶馬、王后等形象，象徵『七珍寶』。

建築上的用色，由民族生活審美習慣及使用的環境、部位的不同而決定，它具有不同的感情色彩。如紅色厚重，金色富麗，黃色高貴，白色潔淨，藍色肅穆，綠色寧靜，黑色威嚴。藏民族因生活習慣和宗教習慣對色彩也有不同感情。如在生活習慣上，白色代表素食類，紅色是肉類。從生活審美及宗教觀念上看，白色是吉祥的象徵，白色的建築稱『點點繁星』，使人感覺安寧、清靜，蘊含著和平、美好。紅色是權力的象徵，是英勇善戰、鬥志旺盛的刺激色，它與尊嚴、英雄人物及肅穆的宗教相聯，所以不能輕易使用紅色，祇有佛殿、靈塔殿、護法殿等重要殿堂的外牆邊用。也有用某派別僧人常用服飾的色彩來區別教派的，如寧瑪派僧人常著紅色僧衣，噶瑪噶舉派黑帽系戴黑帽，格魯派僧人戴黃帽，這些不同色彩的帽飾即成為教派標誌。

佛經上認為世間所有事業均包括在『息』、『增』、『懷』、『伏』四種範圍以內，其表現方法是：『息』表示温和，以白色為代表；『增』表示發展，以黃色為代表；『懷』表示權力，以紅色為代表；『伏』表示兇狠，以黑、綠色為代表。再簡化一些，白色可代表息和增，紅色代表懷和伏。如多面神面部皆飾紅、白、藍三色，護法神飾藍色，魔鬼及異教徒皆繪黑紅色。有的護法神殿內是黑底的壁畫，表達出陰森、恐怖的氣氛。

壁畫、造像、瑪尼堆

殿堂內的壁畫及佛像，是一種渲染、烘托宗教气氛、擴大影響的宣傳工具。分佈在藏族、蒙古族居住區的交通要道、朝聖的山頂、路邊、神山聖湖及寺院周圍的瑪尼堆（蒙族地區稱『鄂博』），是表示神靈的駐地，同時也可起到路標的作用，行人經此繞行一周，添幾個石塊，表示對神靈的敬意，也同樣起著渲染、擴大宗教影響的作用。

壁畫

分佈情況與內容：主要殿堂從入口大門開始，院內的廊下及殿內的所有牆面均滿繪壁畫。如大門旁兩壁繪四大天王，進入庭院的廊下繪有各種佛像。大昭寺前院、札什倫布寺措欽大殿前東庭院的廊院均繪有很多佛像，而稱『千佛廊院』。在札倉入口廊下除繪有四大天王外，還繪有僧人戒律圖、輪迴圖等。殿內四壁及樓層的迴廊等也繪滿壁畫。

壁畫內容有尊像圖、壇城圖、佛經故事、歷史人物及故事等幾大類。牆面分為上、中、下三部，下部牆裙高近一米，一般塗紅色，有綠、紅、藍三條色帶與上面分隔；中部高度超過一．五米的範圍內繪製壁畫；上部至屋頂約半米高，在紅、綠、藍三條色帶上繪瓔珞布幔。

尊像圖：有佛、菩薩、度母、羅漢及護法神祇等，體形較大，主供佛位於中間，其他佛像及弟子排列兩旁，供養人在下邊。圖案場景較大。

壇城圖：壇城圖主要繪在壇城殿內，或繪於廊下。如薩迦寺主殿二層南面及西面的廊內，即繪有著名的壇城圖。壇城圖組合方式有以下數種：一橫列的大型壇城圖；上面一橫列小壇城、下面一橫列大壇城；或一大壇城左面或右面上下各繪一小壇城；或中一大壇城，左右上下各繪一小壇城的梅花形佈局；也有梅花形的橫向連續佈局形式。壇城圖也有繪在屋頂天花上的。

佛經故事圖：以佛的一生經歷而演繹出的很多故事為創作題材。有單幅牆面繪製一個故事的，有在一堵牆面上用連環畫的形式組織若干個故事的。這些故事雖是表現佛教經變，但它卻反映出壁畫作者對當時現實生活所觀察體驗到的人物形象和事物，實際上往往表現了當時的世俗場景。

歷史故事：主要是藏族歷史包括神話傳說的描述，並深深地摻入了佛教活動故事，其中也包括一些在佛教發展中的歷史人物及高僧大德的故事。如大昭寺及布達拉宮內，繪有文成公主進藏的歷史事件，文成公主主持修建大昭寺等的壁畫，反映了藏族人民對文成公主的懷念與崇敬，也是藏漢民族友好團結的反映。再如白居寺措欽大殿二層登覺殿東北壁所繪薩迦派始祖像中，有八思巴與元世祖會見的場面。布達拉宮内有第五世及十三世達賴喇嘛的傳記圖，其中有五世達賴喇嘛覲見清順治皇帝、十三世達賴喇嘛朝見光緒皇帝的歷史畫卷。布達拉宮内還有修建布達拉宮過程的壁畫，其中有修建前派人到各神山聖跡、名刹昭告天地神靈的畫面，從中可以看到各地神山聖跡及名刹的形象。有施工前五世達賴喇嘛為工程開光的形象，有工匠們在高山、大河採集運輸木、石的場景，有整個建築工地各種材料的加工場景及在砌築樓房中發生安全事故的場面，可知當時工匠們的艱辛勞苦甚至要付出死亡的代價。又如古格遺址中的紅廟和白廟内，有王室成員、大臣和群衆等的听（佛）法圖，有人畜運木料的場面，也有歡樂歌舞的場景等。自清末十三世達賴進京之後，在羅布林卡内就出現了北京故宮、頤和園等内容的壁畫。在此之前已有五臺山的壁畫。歷史故事反映出各時代的重大事件、各地風土民俗及名勝古跡等，既是歷史畫卷，也是豐富的民俗畫卷。

歷史人物：包括王者及高僧大德，不僅有藏傳佛教的著名人物，也還有外籍僧人。如三大法王即是歷史上曾提倡、扶持佛教發展的松贊干布、赤松德贊和赤熱巴巾三位贊普，松贊干布出現時，有時還有文成公主和尺尊公主二王妃。有歷輩薩迦法王、宗喀巴師徒、歷輩達賴喇嘛、瑪爾巴、米拉日巴、唐東傑布等等，外籍僧人有阿底峽、蓮花生等。

壁畫藝術特點

壁畫中的佛像，按《造像量度經》中的規定繪製，祖師像、歷史人物像在衣著、形體姿勢造型上各有一定特點，佈局工整，有的造型呆板，比較程式化。每牆中部為一尊或數尊主供佛，四周則畫一些小型畫像，旁有藏文題名。度母和護法神有很多變化姿態，如度母表情端庄，細腰，乳房豐滿，體態優美。護法神黑、藍、紅色，四肢短粗，動作誇張，面目猙獰恐怖。許多表現舞蹈的小型造像，舞姿極為生動。此外如花卉、樹木、動物、山石等裝飾圖案皆不寫實，平塗原色，裝飾性很強。人物也是平塗原色。

用連環畫的形式，在一幅牆面上表現一個完整的故事。無論是佛經或歷史故事，圍繞一個主題，用若干人物活動場景來表達這一主題。其中有各式人物，有建築、道路、樹木、山川等的人物活動場景。在創作方法上，多採用寫實的手法，重視細節描寫，通過對各種人物活動細節的描繪，來表現故事發生的環境，渲染情節發展中的氣氛，豐富人物性格。各場景之間，用祥雲、火燄、山川、花卉樹木、道路等來分隔與聯係。布局上疏密有致，虛實得體。總的構圖均勻，畫面豐滿而不臃腫。畫面場景宏大，多採用鳥瞰透視和散點透視的方法，使畫面具有宏偉气勢而又活潑自由。

畫法多用工筆重彩，單線平塗和白描，畫面注重線條的變化和線群的組織。有的線條粗獷、堅實有力；有的圓潤流暢。運用線條的剛柔強弱、轉折頓挫，表現人物的體態神情、襯景輪廓和虛實明暗。畫衣紋能隨肢體而起伏變化，飄帶隨人物動作而飛舞，質感動態表現入微。壁畫用礦物顏料，色彩艷麗，多為平塗，多用原色，強調對比，並用大面積綠色或紅色作基調統一畫面，效果強烈。個別壁畫中，還採用瀝粉貼金，使線條突出，增加畫面的藝術效果。如布達拉宮紅宮迴廊內描繪修建布達拉宮情景的壁畫中，對五世達賴喇嘛和桑傑嘉措等重要人物的臉部均施金，在色彩上突出主要人物。又如大昭寺主殿三層內的護法神殿，以黑為底，用金線刻劃人物形象，與其他壁畫相比又是另外一種氣氛，與陰森恐怖的護法神殿要求相適應，在藝術上達到較高境界。在刻劃人物時能抓住人物的傳神特點，如布達拉宮內有固始汗和桑傑嘉措會晤的場景，固始汗高顴骨，很有蒙古人特點，桑傑嘉措大圓臉，和傳説中的形象相符，這些均反映出西藏畫師的藝術功底。

壁畫藝術風格

壁畫藝術隨佛教而傳入吐蕃。吐蕃時期佛教從尼泊爾和漢地兩個方向傳入，如史載松贊干布為了政治需要先後和尼泊爾公主、大唐公主聯姻，兩位公主都從本國帶去佛像，然後建寺供奉。佛教的典籍、佛像、佛法及僧人都主要從古印度及尼泊爾傳入，所以早期壁畫帶濃重的印度風格。隨著藏傳佛教的發展，先後和周邊地區民族特別是漢族文化的交流，使得寺院壁畫進一步發展，元代興建的夏魯寺既有印度風格的壁畫，也有漢族風格的壁畫，藏傳佛教壁畫藝術已融入了各家之長，以後逐漸形成三個流派：流行於東部昌都一帶的噶瑪嘎則派；流行於拉薩地區的門唐派；流行於江孜、日喀則一帶的堪日派。如江孜白居寺壁畫便是堪日派的代表作，因此堪日派也稱江孜派。該派較多地融合了尼泊爾、克什米爾和印度佩孜派的技法，塑造人物形體飽滿，追求曲線變化，畫面主體突出，層次分明，線條流暢，用色渾厚濃重，習用暈染技法。而在靠近漢族地區或漢蒙族地區的壁畫，有的竟用漢式壁畫的構圖、技法，如青海樂都瞿曇寺兩廡壁畫，很多就是漢族壁畫的傑作。

漢畫風格的壁畫構圖較疏朗，顯得空靈，畫面生活氣息濃重，充滿一種恬靜、悠遠、深邃的意境。畫中的樓閣建築皆漢式，花卉、樹木、山巖、流水、人物衣著皆漢式繪畫風格。人物多為男性，著漢裝，舉止比較矜持，没有大的體形動作。人物線條流暢嫻熟，色彩為綠藍地紅線或黑線。佛像膚色多用潔黄或白色，佛衣色彩豐富、鮮麗，計有紅、綠、藍、黄、白諸色。一般人物平塗為主，蓮花、樹木等配景皆不用平塗，用暈染而富有水墨畫效果。總的是綠色調，色彩顯得深沉、樸素，更接近生活的原色。

印度繪畫風格的壁畫，故事情節較少，不大注意去表現故事情節，而著重在情緒的表現和氣氛的渲染，所以畫面的氣氛熱烈而溫情。畫中人物無論是佛、菩薩或貴族、平民，均赤裸上身，下著短褲，表現的是熱帶叢林中的生活。人們無論在祈神，還是在勞作，身體形態均表現出一種舞蹈動作，屬印度犍陀羅與笈多藝術中那種優雅柔美而呈S形的體態。加之塑造人物時，採用十分靈活的曲線條，使人物造型具有輕柔的形態，體現出一種女性的柔美。此外如花卉、樹木、山石、動物等皆不寫實，形成一種裝飾圖案，色彩平塗，裝飾性很強。色彩多為原色，講究對比色，一般以紅色為基調，且是平塗，效果熱烈、艷麗。

與壁畫同屬宗教藝術宣傳畫的還有唐卡、堆繡等。唐卡是繪在絲、棉、）等織物上的畫，因是單幅畫，内容多為尊像圖、壇城等，其次是高僧大德等歷史人物，佛經故事極少。畫幅尺度不大，均為竪長方形，小者寬約四○至五○厘米，高約一米，大者寬近一米，高近二米。除掛在寺院的殿堂内以外，較多是掛在活佛公署、僧居的佛殿内。因是宗教宣傳畫，民間保存量很大，供奉在住宅的佛堂内。堆繡，是用彩色呢絨、綢緞剪貼縫繡成圖案的宗教畫，以青海塔爾寺製作最為有名，内容和使用範圍與唐卡同，但除竪長條幅以外，還有内容較多、面積較大的橫幅形式。

雕刻造像

藏傳佛教宗教藝術中一項重要内容是佛像雕刻。造像材料主要有金屬、泥、木等，其中以泥塑為主，銅、木次之。題材為佛像、菩薩、度母、羅漢、護法、天王等，此外還有歷史人物及各派祖師大德等，戴黄帽的宗喀巴像幾乎在很多寺廟中均可見到。時代最早的是今存大昭寺内的釋迦佛，據史書記載是七世紀中期文成公主帶進吐蕃的。佛像有從印度、尼泊爾及漢地傳入的，更多的則是在當地製造。從藝術風格上看，可分成犍陀羅風格、印度笈多藝術風格、漢地風格和西藏本土風格等多種。而不少寺院中卻往往把不同風格的塑像放在同一殿堂内，且位置上互相交置。

佛像造型都嚴格按照《造像量度經》、《佛畫三面幅》的法度，造型比例十分規範化，所以顯呆板程式化。佛像體量有小有大，小的高僅數厘米，大的如造於本世紀初的札什倫布寺強巴佛，銅質坐式，高度超過二十六米，可謂西藏境內的第一坐式大銅佛。

具有犍陀羅藝術風格的佛像，刀法簡潔，表現出肅穆典雅，低眉下垂，五蘊皆空的莊重風格。佛頭上群螺式髮型是典型的印度雕刻特點之一。有的菩薩諸神已越出《造像量度經》的嚴格約束，多呈女身特徵，體態豐腴，上身裸露，肩上披帛，頭戴五花寶冠，佩項圈、瓔珞、手鐲等，面像明顯帶有印度人的特徵，臉部寬大且較平，表情溫和親切。女性菩薩豐腴而嫵媚，表情也較生動。從衣著、飾品及背光等裝飾看，顯示出對奢華的偏愛。

印度笈多風格的雕刻如供養天等神祇上身裸露，兩肩祇披極少的披帛，有腰帶瓔珞等飾物，下著裙裾，頭戴五花寶冠，有耳環、項圈，手足帶腕鐲、臂釧。有的手執柳枝、寶劍、鈴、琴等法器，皆作舞姿，肢體舒展，面帶笑靨，目光嫵媚，腰肢纖細，乳房豐滿。有的菩薩或佛的弟子，面容雋秀，體態呈女性特徵，全身呈S形，上體裸露，下著緊身褲，腰纏飄帶，頭戴五花寶冠，身上有鐲、釧、項圈、瓔珞等飾物。神界的神祇，似乎就是人間的美女。

具有漢風的歷史人物中，最多的是三大法王及祖師像，有時松贊干布左右還有二妃。贊王造像多作跏趺坐式，身著藏王服飾，但有一定區別，一般塑造得堅毅果斷，英姿勃勃。各派祖師造像則頭戴各教派特有色彩及形狀的帽子，衣著袈裟，面貌慈祥，塑造出老成持重的性格。

瑪尼堆

『瑪尼』是藏語『唵、瑪、尼、叭、吽、哄』的簡稱，也稱為佛經。瑪尼堆泛指藏族地區野外人為的帶有宗教含義的石堆。它常在寺院、神山、聖跡甚至村莊的周圍，或岔路口、渡口、田地邊、山頂等人們日常生活所處所見之處，被認為是有『靈氣』的地方出現。瑪尼堆由無數石塊組成，其中很多石塊或石片上，刻有佛尊、菩薩、天女、金剛、護法神祇、佛塔、六字真言和高僧、動物等形象，石堆上往往插有一些木杆，上有用彩色布、紙等書寫或印刷有佛像、經文的旗、幡。瑪尼堆寓意為神的駐地，行人至此繞行一周或添一塊刻有佛像、經文的石片，或添一普通石塊，是對神靈的一種敬仰與祈禱。這種瑪尼堆的崇拜固然是宗教活動的一種形式，它也與藏族原始的萬物有靈觀念、本教的靈石崇拜及羌族的白石崇拜有關。

瑪尼堆有很多石刻，這些石刻都是出自各地民間藝匠之手，因而具有多種多樣的藝術風格，特別是民間藝術特點很濃。這些石刻都是就地取材，因材施刀，隨形構圖。採用線刻、浮雕、減地的方法或相互並用，以洗練、明快的線條準確勾勒形象而又適當誇張，賦予人物以個性及神態，達到神形兼備的藝術效果。與寺院裏的壁畫、雕刻造像相比，顯出粗獷自然，純真、靈活多變的民間藝術特點。

藏傳佛教建築藝術，運用多種藝術手段，創造出一種宗教形象和氣氛；用簡單的單體，組成豐富的群體，協調和統一衆多形象，而達到完整的藝術形象並突出重點；運用豐富的藝術群體，創造強烈的震撼人心的宗教建築藝術形象，這就是藏傳佛教建築藝術的特點所在。

主要參考文獻

一 索南堅贊著，劉立千譯註·西藏王統記·西藏人民出版社，一九八五

二 第五世達賴喇嘛著，郭和卿譯·西藏王臣記·民族出版社，一九八二

三 達倫宗巴·班覺桑布著，陳慶英譯·漢藏史集·西藏人民出版社，一九八六

四 蔡巴·貢噶多吉著，東嘎·洛桑赤列校註，陳慶英、周潤年譯·紅史·西藏人民出版社，一九八六

五 班欽·索南查巴著，黃顥譯註·新紅史·西藏人民出版社，一九八四

六 藏族簡史編寫組·藏族簡史·西藏人民出版社，一九八六

七 王輔仁·西藏佛教史略·青海人民出版社，一九八二

八 張羽新·清政府與喇嘛教·西藏人民出版社，一九八八

九 宿白·西藏寺廟建築分期試論·載北京大學中國傳統文化研究中心《國學研究》第一卷

一〇 陳耀東·西藏阿里托林寺·載《文物》一九九五年第十期

一一 陳耀東·夏魯寺·載《文物》一九九四第五期

一二 柴煥波·江孜白居寺綜述·載《南方民族考古》第四輯·四川大學博物館、西藏自治區文物管理委員會編

一三 郭周虎·西藏瑪尼石刻造像初論·載《南方民族考古》第四輯·四川大學博物館、西藏自治區文物管理委員會編

一四 木雅·曲吉建才·藏式建築的外牆色彩與構造·載《建築學報》一九八七年一一期

圖版

二　大昭寺千佛廊院之一

一　大昭寺全景（前頁）

三 大昭寺千佛廊院之二
四 大昭寺主殿金頂（後頁）

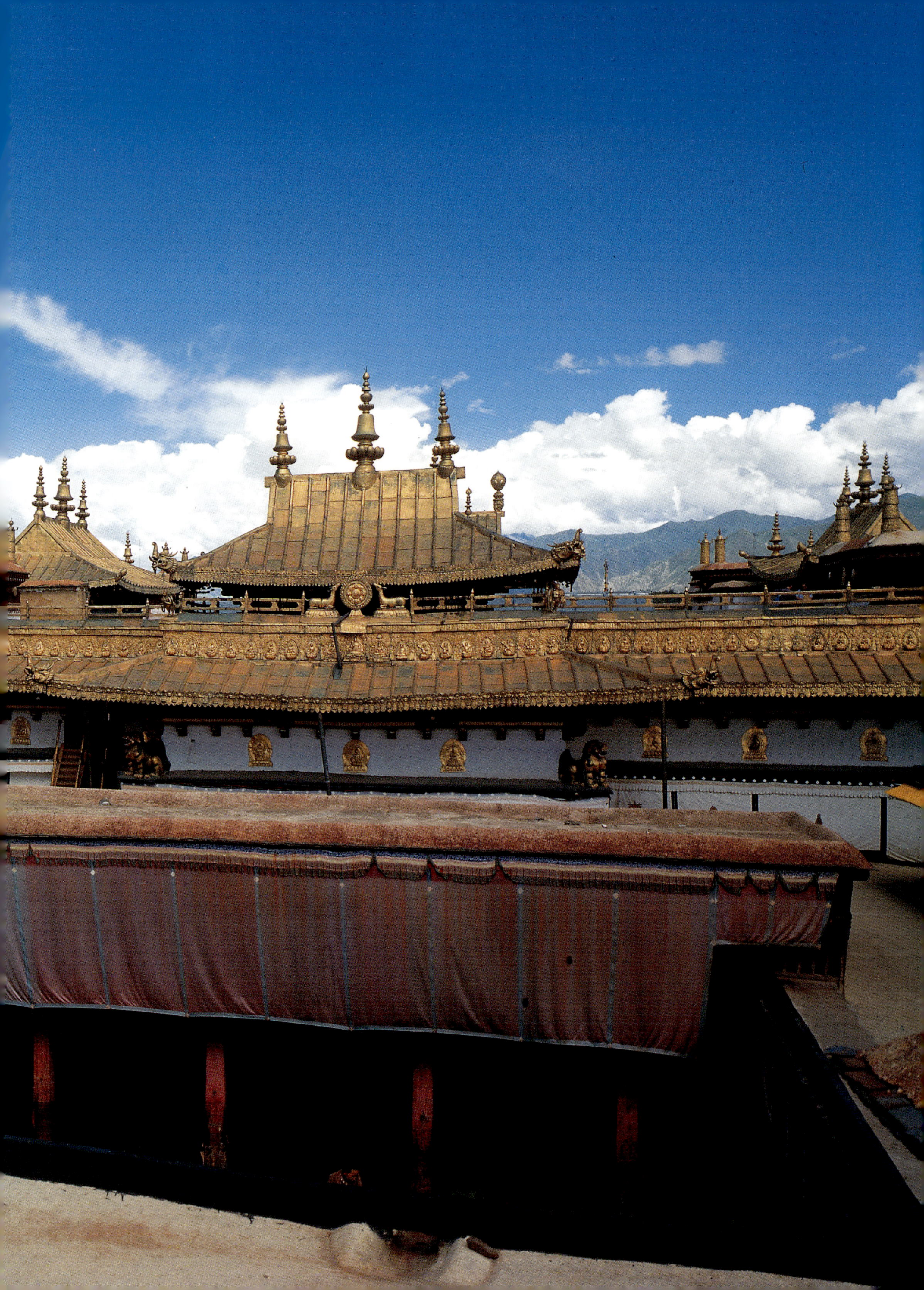

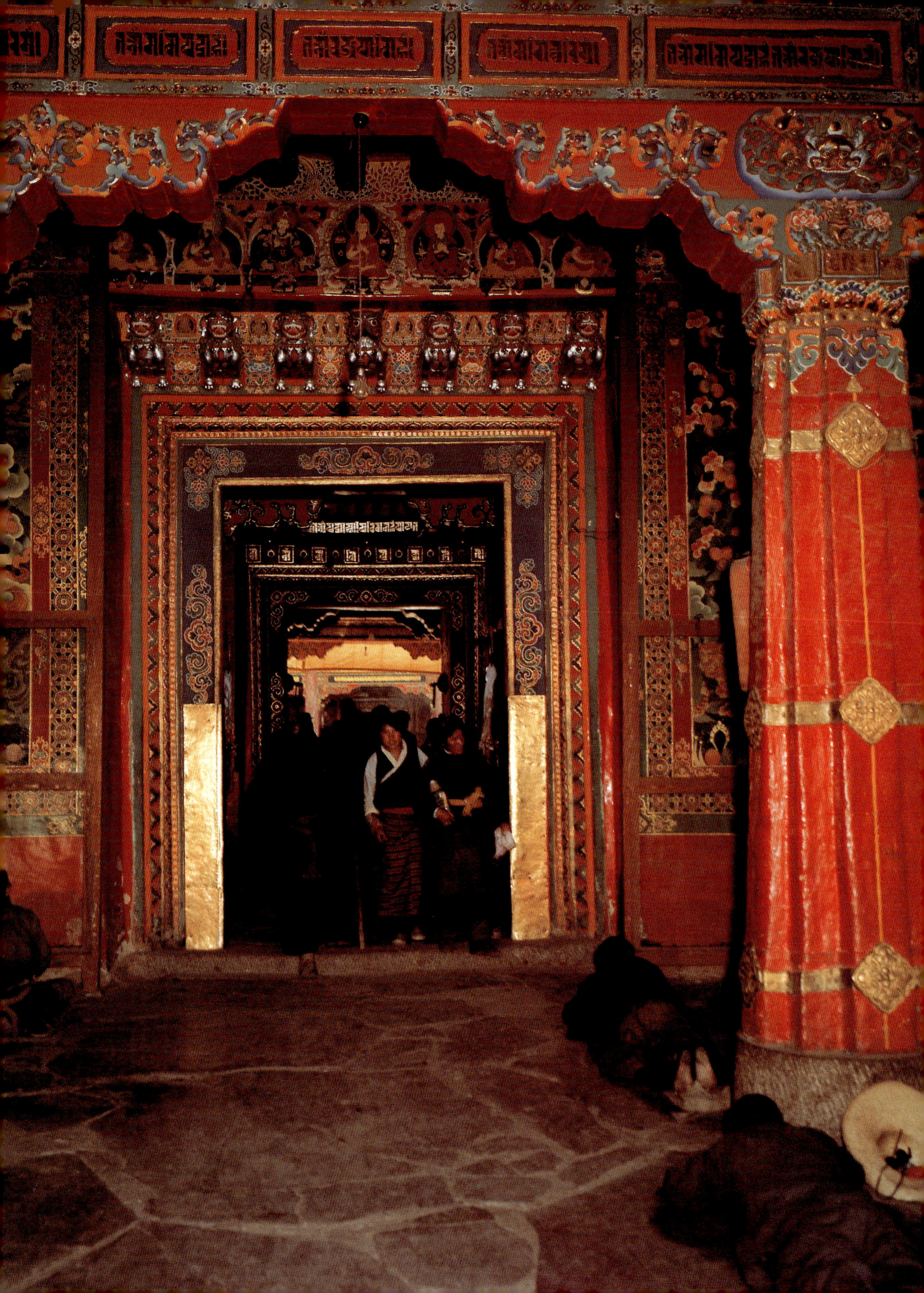

六 大昭寺主殿經堂内景
七 大昭寺上拉章外景（後頁）

五 大昭寺殿門

一〇　大昭寺壁畫：護法殿内

八　大昭寺屋角鎮獸與斗栱

九　大昭寺壁畫：桑傑嘉措與固始汗

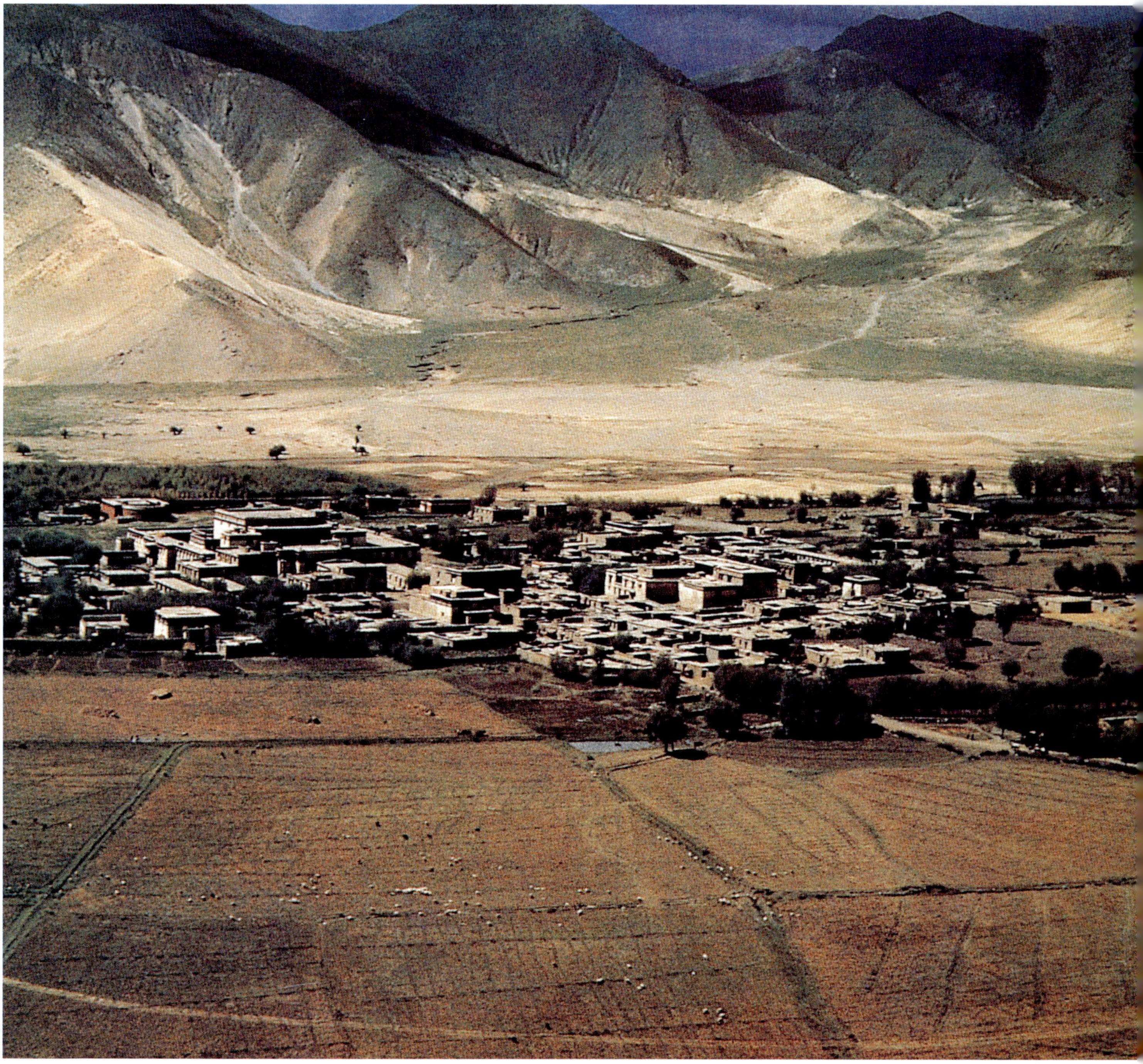

一一　桑耶寺全景

一二　桑耶寺主殿鳥瞰

一三　桑耶寺主殿大門

一四　桑耶寺主殿殿門

一五　桑耶寺殿門上的斗栱

一六　桑耶寺主殿内壇城圖案的天花

一七　桑耶寺主殿内柱頭

一八　桑耶寺主殿二層前廊

一九　桑耶寺主殿二層前檐

二〇　薩迦北寺遠景

二三　薩迦南寺大殿院内

二一　薩迦北寺近景

二二　薩迦南寺鳥瞰

二四　薩迦南寺大殿内景

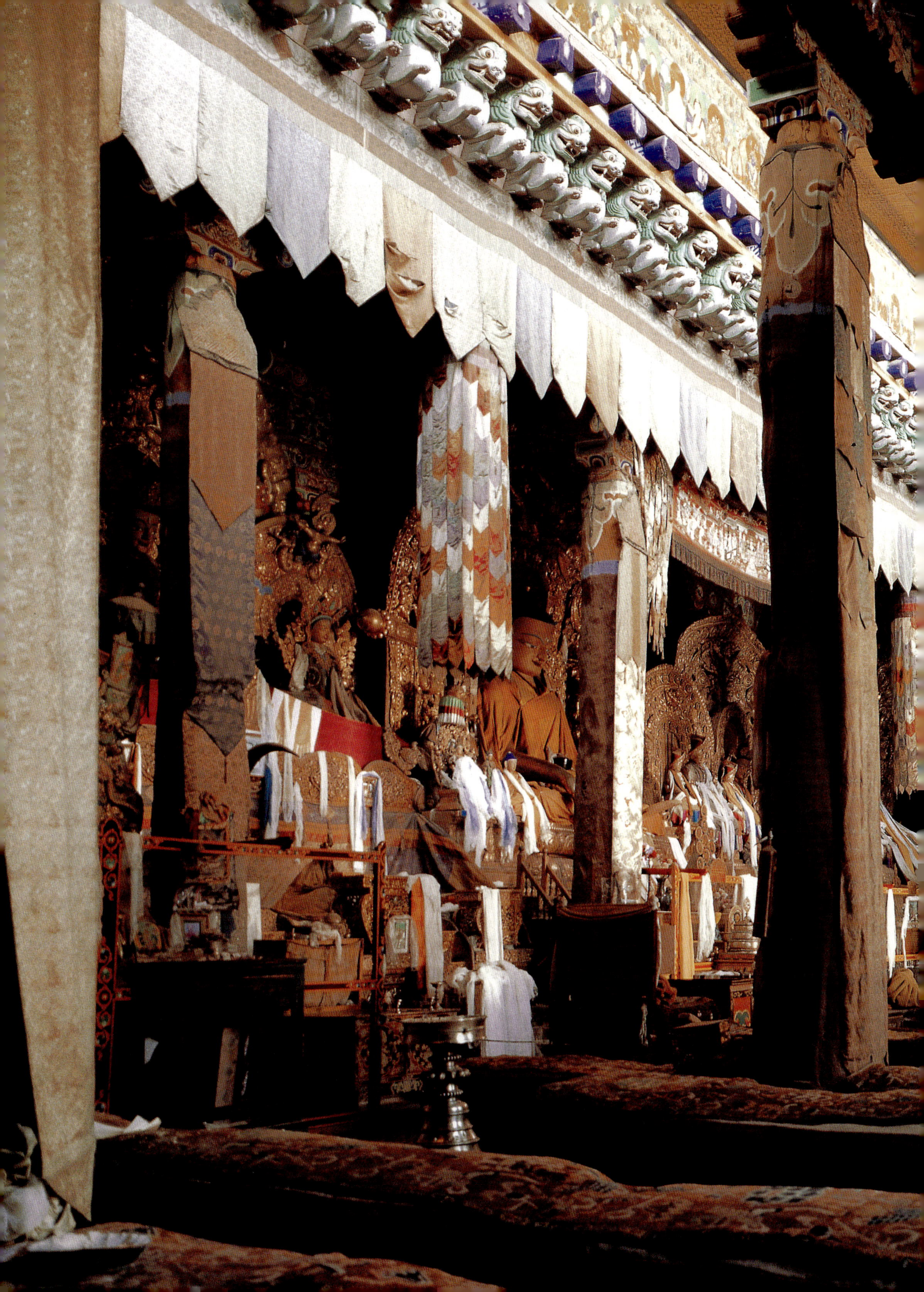

二五　薩迦南寺二層迴廊

二六　夏魯寺主殿
二七　夏魯寺二層西殿（後頁）

二八　夏魯寺二層西殿細部

二九　白居寺措欽大殿及大菩提塔

三〇　白居寺措欽底層佛殿天花

三一　白居寺大菩提塔（後頁）

三三　白居寺措欽三層佛殿六角形天花

三四　甘丹寺遠景

三二　白居寺塔門

三五　哲蚌寺全景

三六　哲蚌寺措欽前廊及入口

三七　哲蚌寺措欽大殿

三八　哲蚌寺金頂

三九　哲蚌寺殿内景之一

四〇　哲蚌寺殿内景之二

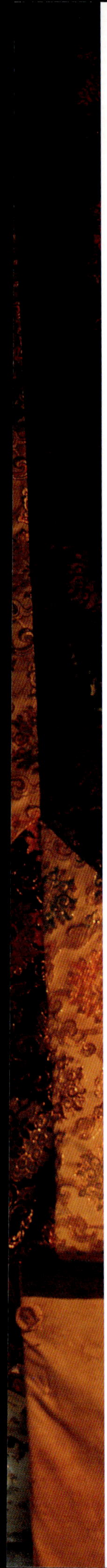

四一　哲蚌寺靈塔

四二　哲蚌寺噶丹頗章院内

四三　哲蚌寺柱頭

四四　哲蚌寺殿内佛像

四五　色拉寺外景

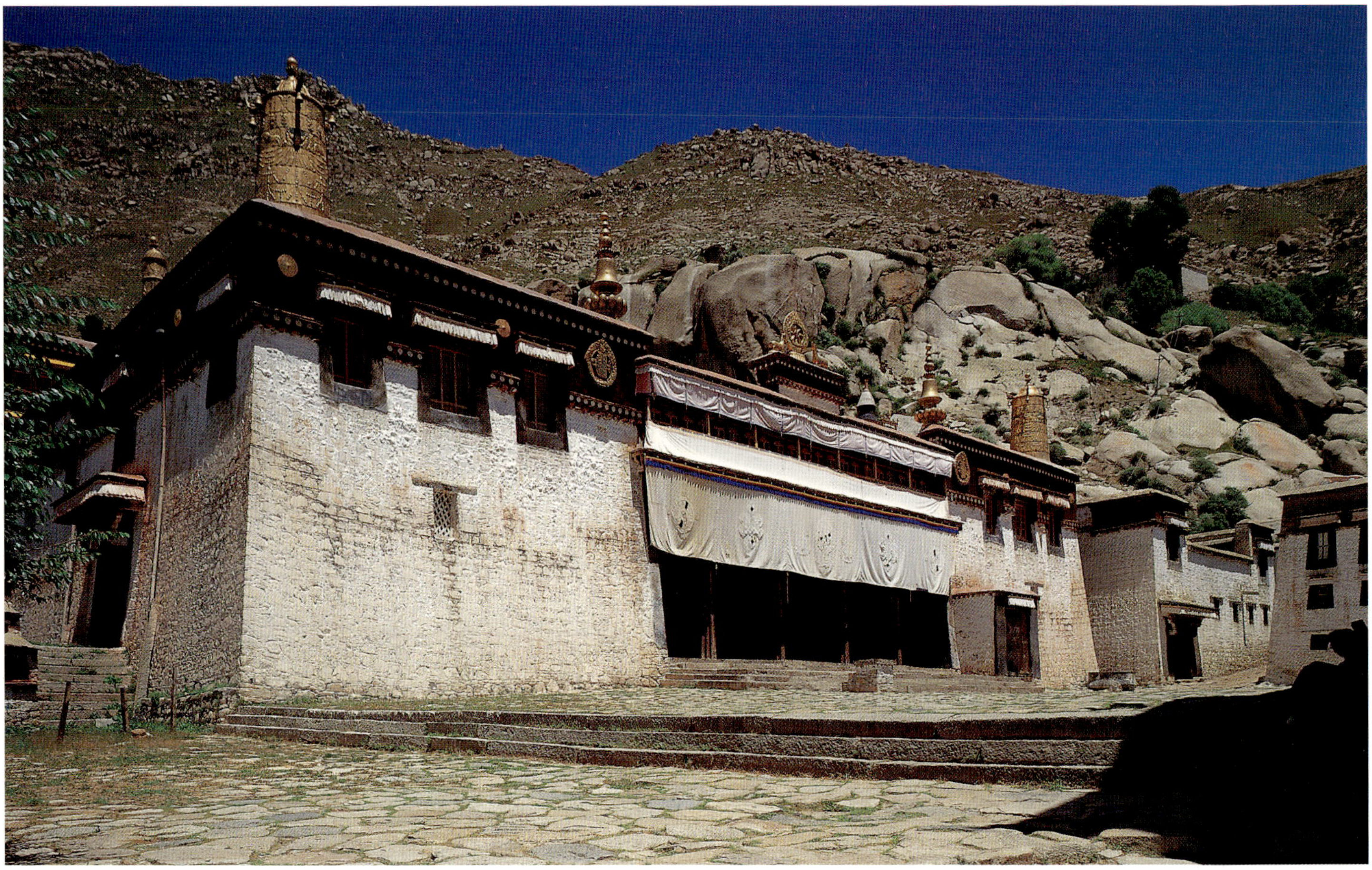

四七　色拉寺經堂大門

四六　色拉寺措欽大殿外景

四八　色拉寺經堂内景之一

四九　色拉寺柱頭

五〇　色拉寺經堂内景之二

五一　色拉寺室外辯經場

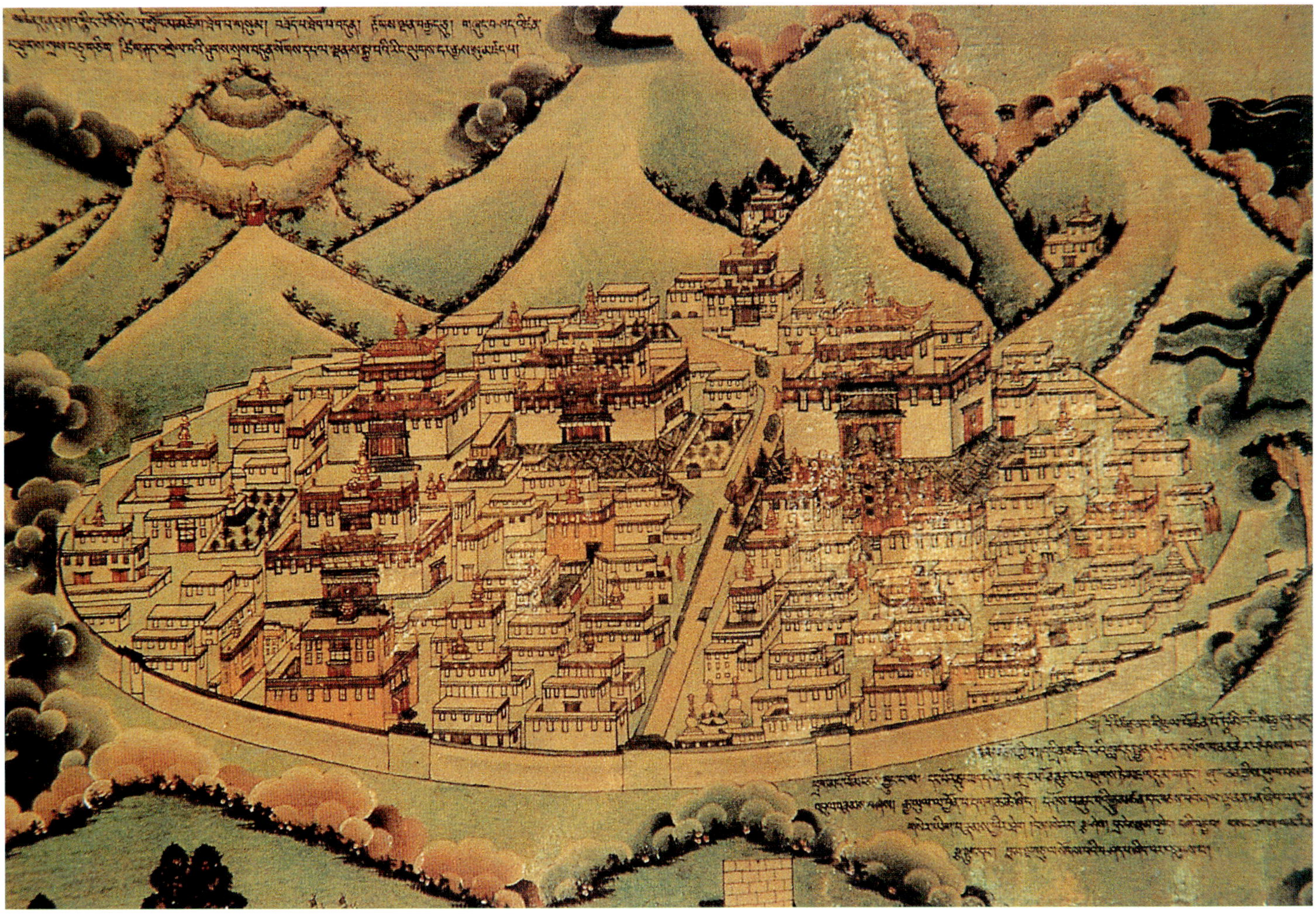

五二　色拉寺壁畫：色拉寺

五三　札什倫布寺遠景

五五　札什倫布寺措欽大殿南入口

五四　札什倫布寺靈塔殿

五六　布達拉宫背景

五七　布達拉宫正面外景

五八　布達拉宫白宫正面入口

六一　布達拉宮斗栱

五九　布達拉宮白宮入口門廳

六〇　布達拉宮金頂

六二　布達拉宮東大殿内景

六三　布達拉宫東日光殿内景

六四　布達拉宮西日光殿内景

六五　布達拉宮寢宮

六六　布達拉宮五世達賴喇嘛靈塔

六七　布達拉宮壁畫

六八　布達拉宮西大殿柱頭

六九　布達拉宫僧官學校大門前的束柱

七〇　敏珠林主殿外景

七一　敏珠林主殿前院

七二　敏珠林主殿内景

七三　敏珠林壁畫：雙身佛像

七四　敏珠林壁畫

七五　瞿曇寺全景

七六　瞿曇寺山門

七七　瞿曇寺前院碑亭

七八　瞿曇寺院内俯視

七九　瞿曇寺隆國殿
八〇　瞿曇寺隆國殿内景（後頁）

八一　瞿曇寺壁畫之一

八二　瞿曇寺壁畫之二

八三　瞿曇寺壁畫之三

八四　塔爾寺全景

八六　塔爾寺八塔及小金瓦殿

八七　塔爾寺小花寺

八五　塔爾寺門塔

八九　塔爾寺天文學院

九〇　塔爾寺密宗學院

八八　塔爾寺醫宗學院大門

九一　塔爾寺大經堂

九二　塔爾寺大經堂内景

九三　塔爾寺活佛公署院内

九四　隆務寺入口前的轉經廊

九五　隆務寺大門

九六　隆務寺大經堂

九七　隆務寺佛殿

九八　隆務寺靈塔殿

九九　下吾屯寺經堂

一〇〇　下吾屯寺經堂和佛殿

一〇一　下吾屯寺經堂内景
一〇二　下吾屯寺佛殿前廊内部結構及壁畫（後頁）

一〇四　拉卜楞寺遠景
一〇三　下吾屯寺壁畫（前頁）

一〇五　拉卜楞寺壽禧寺

一〇六　拉卜楞寺大經堂

一〇七　拉卜楞寺大經堂檐下門口的雕刻彩畫

一〇八　拉卜楞寺小金瓦殿

一〇九　拉卜楞寺轉經廊及白塔（後頁）

一一〇　古瓦寺遠眺

一一一　古瓦寺全景

一一二　歸化寺全景

一一三　歸化寺東旺康村

一一四　歸化寺札雅康村

一一五　歸化寺大經堂外觀

一一七　歸化寺大經堂內部

一一六　歸化寺大經堂入口前廊

一一八　歸化寺大經堂內景

一一九　歸化寺大經堂屋頂

一二〇　東竹林寺全景

一二一　東竹林寺外景一瞥（南部）

一二二　東竹林寺主殿

一二三　東竹林寺主殿前庭院

一二四　東竹林寺主殿經堂内景（一層）
一二五　東竹林寺主殿經堂内景（二層）（後頁）

一二七　東竹林寺活佛公署内景
一二六　東竹林寺主殿經堂内景（中部）（前頁）

一二八　福國寺法雲閣外景

一二九　福國寺法雲閣近景

一三〇　福國寺法雲閣前檐斗栱

一三一　福國寺法雲閣前廊屋角

一三三　福國寺法雲閣前廊天花與入口

一三二　福國寺法雲閣前廊樑架

一三四　文峰寺正面全景

一三五　文峰寺侧面

一三六　文峰寺背面

一三七　文峰寺院内

一三八　文峰寺殿内景

一三九　普濟寺全景

一四〇　普濟寺二門

一四一　普濟寺大殿正面

一四二　普濟寺大殿側面

一四三　普濟寺大殿内景

一四四　美岱召泰和門

一四五　美岱召經堂和大雄寶殿

一四六　美岱召琉璃殿

一四七　美岱召琉璃前廊

一四八　美岱召乃瓊神殿

一四九　美岱召八角殿

一五〇　美岱召太后殿

一五一　美岱召達賴廟

一五二　五當召全景

一五三　五當召卻依拉殿

一五四　五當召蘇古沁殿

一五五　五當召洞闊爾殿
一五六　五當召洞闊爾殿乾隆皇帝御賜“廣覺寺”匾（後頁）

一五七　五當召日本倫殿

一五八　五當召活佛府院内

一五九　大召菩提過殿

一六〇　大召大殿

一六一　大召大殿前部側面

一六二　大召大殿前廊細部

一六三　席力圖召門前木牌樓

一六四　席力圖召大門

宝光四海

一六六　席力圖召大殿檐口細部

一六五　席力圖召大殿（前頁）

一六七　席力圖召佛塔

一六八　五塔召金剛寶座塔

一六九　五塔召塔入口細部

一七〇　菩薩頂山門前石踏步

靈峯勝境
雪梅
冷饮

一七二　菩薩頂大雄寶殿
一七一　菩薩頂山門（前頁）

禁止拍照
放大光明指迷津以登覺路

敕諾若尼飛錫

一七四　圓照寺大殿

一七三　菩薩頂文殊殿（前頁）

一七五　圆照寺塔

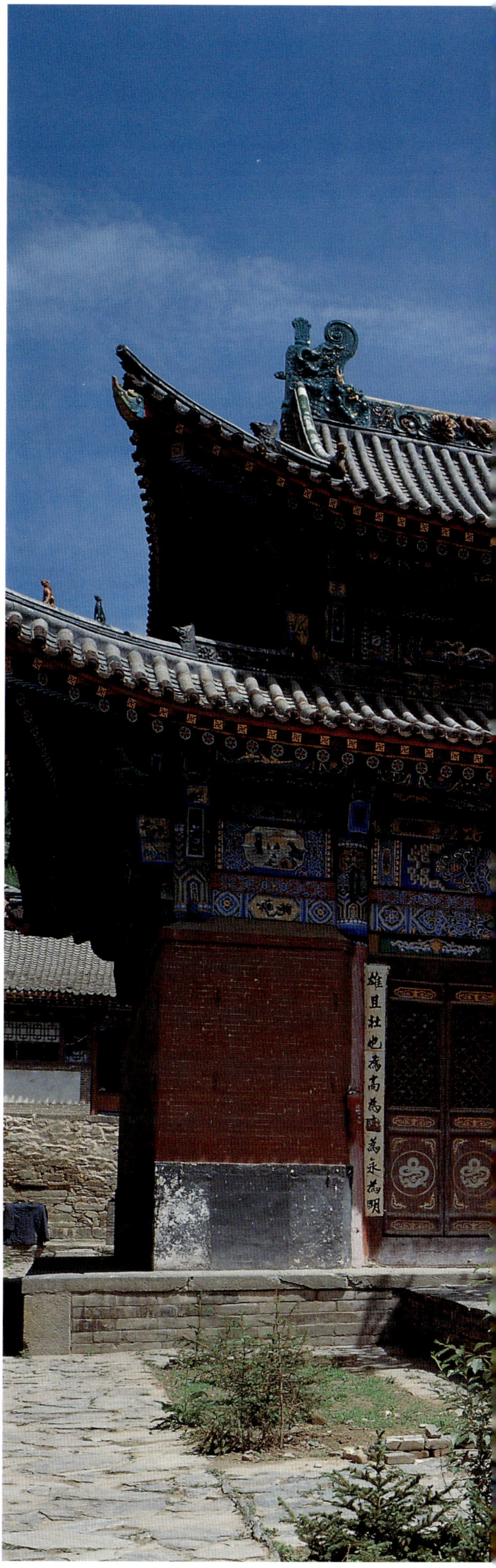

一七六　普寧寺正面全景

一七七　普寧寺側景遠眺

一七八　普寧寺大雄寶殿

一七九　普寧寺鐘樓

一八〇　普寧寺南瞻部洲

一八一　普寧寺西側白臺

一八二　普寧寺後部院内

一八三　普寧寺大乘閣

一八五　安遠廟遠景

一八六　安遠廟主殿
一八七　安遠廟殿內藻井（後頁）

一八四　普寧寺大乘閣內佛像

一八九　普樂寺遠景

一八八　安遠廟佛像（前頁）

一九〇　普樂寺山門

一九一　普樂寺大雄寶殿

一九二　普樂寺旭光閣

一九四　普陀宗乘之廟全景

一九三　普樂寺旭光閣藻井

一九五　普陀宗乘之廟山門
一九六　普陀宗乘之廟琉璃牌坊（後頁）

一九七　普陀宗乘之廟五塔門

一九八　普陀宗乘之廟大紅臺琉璃窗裝飾

一九九　普陀宗乘之廟大紅臺檐口佛像

二〇〇　普陀宗乘之廟萬法歸一殿
二〇一　普陀宗乘之廟萬法歸一殿内景（後頁）

二〇二　須彌福壽之廟全景

二〇三　須彌福壽之廟大門

二〇四　須彌福壽之廟大紅臺及前面的琉璃牌坊

二〇五　須彌福壽之廟群樓内院

二〇六　須彌福壽之廟妙高莊嚴殿内景

二〇七　須彌福壽之廟妙高莊嚴殿上的金頂

二〇八　須彌福壽之廟吉祥法喜殿

二〇九　須彌福壽之廟廟後寶塔

二一〇　雍和宫牌坊

二一一　雍和宫昭泰門外景

二一二　雍和宫法輪殿

二一三　雍和宫法輪殿内景

二一五　雍和宮萬福閣

二一六　雍和宮壁畫

二一四　雍和宮宗喀巴像

二一七　西黄寺清淨化城塔

二一八　妙應寺白塔

二二一　神壘及瑪尼堆

二一九　永安寺白塔

二二〇　羊八井塔

圖版説明

一　大昭寺全景

該寺位於拉薩市中心，始建於公元七世紀中葉，是松贊干布為傳播佛教在文成公主和尺尊公主的協助下而興建的吐蕃早期佛堂，後經多次修整擴建，至今形成有二、五萬餘平方米的大建築群。一九六一年國務院公佈為全國重點文物保護單位。（建工）

二　大昭寺千佛廊院之一

進門後第一院，周有很深的迴廊，是朝拜者必經和停留的地方，四壁繪有很多佛像，宗教氣氛很濃。（建工）

三　大昭寺千佛廊院之二

四　大昭寺主殿金頂

主殿檐口有一圈金頂，襯托著殿頂的四座金頂，極為輝煌華麗。（建工）

五　大昭寺殿門

六　大昭寺主殿經堂内景

在主殿底層的中央，淨空兩層，由頂部高側窗採光。僧人在此舉行法事，教民在此朝拜。（建工）

七　大昭寺上拉章外景

每年新春大昭寺舉行傳昭法會期間，達賴喇嘛來寺內即在上拉章駐錫。（建工）

八　大昭寺屋角鎮獸與斗栱

主殿頂層檐下的五踹斗栱及四角獅形鎮獸。（建工）

九　大昭寺壁畫：桑傑嘉措與固始汗

畫法細膩，表現出不同民族人物的特點與表情。（建工）

一〇 大昭寺壁畫：護法殿內

壁畫用黑底金線，藝術對比強烈，有陰森恐怖的气氛，正符合護法神殿的功能要求。（建工）

一一 桑耶寺全景

這是吐蕃的第一座寺院，雖被毀，但仍可看出中心高大建築被四周小建築圍繞的規劃佈局。（建工）

一二 桑耶寺主殿鳥瞰

主殿原三層，今僅存二層。被毀的頂層共有五個屋頂，象徵佛教傳說的須彌山。（建工）

一三　桑耶寺主殿大門

主殿大門朝東，門口有一對石獅，前廊還懸有一口銅鐘。（建工）

一四　桑耶寺主殿殿門

此門有菱形櫺格，鋪首安裝在窗櫺上。（建工）

一五　桑耶寺殿門上的斗栱（建工）

一六　桑耶寺主殿内壇城圖案的天花

一七　桑耶寺主殿内柱頭

一八　桑耶寺主殿二層前廊

廊柱斷面為八角形，門扇做法如底層殿門，窗檽做法簡練古樸。（建工）

一九　桑耶寺主殿二層前檐

前檐下挑栱用獅子承托，別有一番風味。（建工）

二〇　薩迦北寺遠景

薩迦縣仲曲河谷兩岸的薩迦寺，是薩迦教派的祖寺。建在仲曲河北岸坡地上的稱北寺，是北宋熙寧六年（一〇七三年）始建的，後來逐漸演變成薩迦世俗官員的聚會之所，但現已大部毀圮。（建工）

二一　薩迦北寺近景（建工）

二二　薩迦南寺鳥瞰

位於南岸河谷平地上的薩迦南寺，是宋度宗咸淳四年（一二六八年）修建的，它是以高大的佛殿為中心，周圍建辦公、拉章、僧舍等的建築群，四外圍以高大的城垣，四角有城樓，城外還建羊馬城牆、護城河等，儼然是一座防禦性很強的大城堡，以後就發展成薩迦的宗教中心。

二三　薩迦南寺大殿院內

主殿是內院式，院內檐用斗栱承托，做法是在牆上出華栱，上承栱木、三個斗，再上承更長的栱木及五個斗，之上是橫枋，這種斗栱的做法僅在漢明器上見到。圖片中是僧人在院內進行宗教活動（宗教舞蹈）。（建工）

二四　薩迦南寺大殿內景

大殿平面是橫長方形，四牆無窗，僅靠屋頂上的天窗採光，光線集中照到佛身及供器上，其它光線幽暗，這種在供有神佛偶像的殿內用衹有局部光線的採光方法，很能產生神秘的宗教氣氛。（建工）

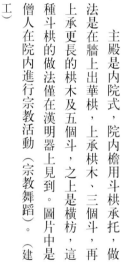

二五　薩迦南寺二層迴廊

從入口右側上大木梯到二樓，二樓的南面和西面是敞廊，南廊後壁有元、明時期繪製的薩迦派創始人的壁畫；西廊後壁繪壇城的壁畫。這些巨幅壁畫構圖勻稱，畫工精細，至今色彩仍然鮮麗。

二六　夏魯寺主殿

夏魯寺是夏魯派（又稱布頓派）的祖寺，位於日喀則東南約二十公里的夏魯鎮西側。寺初建於藏歷火兔年（宋元祐二年，一〇八七年），後毀於地震，受元中央的支持於元延祐七年（一三二〇年）重建。夏魯寺是全國重點文物保護單位之一。

夏魯寺原由四個札倉、活佛拉章及僧舍等組成，今僅存夏魯拉康。

夏魯拉康主殿是在藏式平頂建築頂上，建漢式傳統的院落式建築，上下結合巧妙，突破了藏族傳統，而創造出一種藏漢結合的新形式，它豐富了藏族建築原有的藝術形式，是藏漢文化交流的豐碩成果。（建工）

二七　夏魯寺二層西殿

主殿二層，是由四座歇山式屋頂的殿堂組成一個四合院，屋頂覆藍色琉璃瓦，正脊為琉璃飾件組成，垂脊和戧脊均為薄磚片疊砌而成，為內地元代以前的早期做法。（建工）

二八　夏魯寺二層西殿細部（建工）

二九　白居寺措欽大殿及大菩提塔

寺周築有高大的土城垣，隔一段距離還建城樓，圖中可見遠處山脊上的城垣與城樓。寺內原有建築較多，後毀。措欽大殿及大菩提塔為現存最為完整者。措欽大殿平面十字形，高三層。後部佛殿外有可環行的轉經道，是西藏地區元明以前的早期做法。（建工）

三〇　白居寺措欽底層佛殿天花

殿內天花四周有斗栱，且有四十五度斜栱，用材較纖細。

三一 白居寺大菩提塔

又稱十萬佛塔，總高四十餘米，內有九層空間，是西藏現存最大的佛塔。塔造型端莊，有鎦金的塔刹，每層塔座檐口處有裝飾花紋及彩繪，更顯華麗。（建工）

三二 白居寺塔門

此為塔瓶上的四門之一，門口有精美的雕塑。（建工）

三三 白居寺措欽三層佛殿六角形天花

此六角形天花為西藏地區寺廟內僅見者。（建工）

三四　甘丹寺遠景

甘丹寺是黃教祖師宗喀巴創建，宗喀巴圓寂後，其靈塔也建在寺内，它是黃教的根本寺院。寺建在山頂，依地勢層層修建，衆多建築圍繞著兩座主體建築，气勢磅礴。（建工）

三五　哲蚌寺全景

寺建在山腰，全寺共有四座札倉，其它建築就圍繞這些大型建築組成幾組大建築群，建築群之間用道路聯係，配以綠化，而組成一座結合地形、有主有次的寺院。（建工）

三六　哲蚌寺措欽前廊及入口

一般措欽、札倉等大建築前都有前廊，是僧衆進出殿堂的人流緩衝休息地，在壁上除繪四大天王外，還常繪有六道輪迴及有關僧人戒律的壁畫。（建工）

三七　哲蚌寺措欽大殿

寺院裏的總聚會殿，其內的經堂有一八三根柱子，面積近二〇〇〇平方米，能容全寺數千僧人聚會，被譽為『東方第一殿』。

三八　哲蚌寺金頂

金頂僅用在重要的佛殿的頂上。（建工）

三九　哲蚌寺殿內景之一

殿內鋪有長長的坐墊，供僧人聚會時用；柱上裹有柱衣，從樑間懸下鉅大的用彩色綢緞製成的經幢和唐卡。殿內無窗，僅靠殿中部昇起空間上的高側窗採光，局部光線強烈，而廣大殿內則採光嚴重不足，這些均創造出一種陰暗神秘的宗教環境與氣氛。

四〇　哲蚌寺殿内景之二（建工）

四一　哲蚌寺靈塔

哲蚌寺是達賴喇嘛的母寺，寺內有二、三世達賴喇嘛的靈塔。（建工）

四二　哲蚌寺噶丹頗章院内

約在明嘉靖間（公元十六世紀初）在寺西南隅建成噶丹頗章一組建築供達賴喇嘛居住。從第二世至第五世達賴喇嘛均在此居住，直至清初布達拉宮建成後，五世及以後的達賴喇嘛纔搬至布達拉宮，圖為噶丹頗章第二進院內及主樓。（建工）

四三　哲蚌寺柱頭

有複雜雕刻、彩畫的華麗柱頭。（建工）

四四　哲蚌寺殿内佛像

搖曳的酥油燈燈光更增添殿內神秘氣氛。（建工）

四五　色拉寺外景

寺在拉薩北郊五公里處背靠山麓的平地上，是宗喀巴的弟子絳欽曲結於明永樂十六年（一四一八年）創建的。清代僧人定額為二五〇〇人，一九八二年定為全國重點文物保護單位。（建工）

四六　色拉寺措欽大殿外景

措欽是總聚會殿的藏語稱謂，其內有供全寺僧人聚會的經堂、一些佛殿及寺院管理機構用房。（建工）

四七　色拉寺經堂大門

佛殿、經堂的入口大門均為木板門，門口有經疊、蓮瓣雕刻，門口上常用一排獅形雕刻裝飾，這是典型的大門做法。（建工）

四八　色拉寺經堂内景之一

殿內柱頭林立，光線幽暗。（建工）

四九　色拉寺柱頭

雕刻、彩畫等裝飾很華麗。（建工）

五〇　色拉寺經堂內景之二（建工）

五一　色拉寺室外辯經場

大型寺院一般都有室外辯經場，夏日供僧人室外辯經用。這是一個植有榆樹、桃樹的寬敞場院，後部有一座不大的建築，內設法台座位。圖為僧人正在院內辯經。（建工）

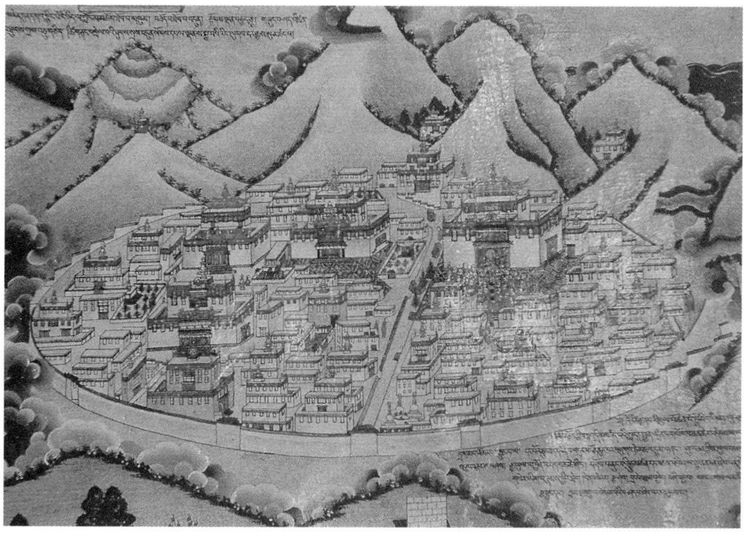

五二　色拉寺壁畫：色拉寺

西藏很多大型寺院的壁畫中，除有佛像、佛經故事內容外，還有西藏歷史故事及歷史上的一些著名聖跡及寺院形象，其中也有本寺形象的壁畫。圖中是色拉寺內描寫本寺形象的壁畫。

五三　札什倫布寺遠景

寺位於日喀則市西，是原後藏的政教中心，班禪駐錫的寺院。寺內體量龐大的主要建築大致沿等高線成排建在山腳高地上，大量體量較小的建築建在高地前的平地上，而形成前面衆多小建築簇擁著後部主體的佈局方式。（建工）

五四　札什倫布寺靈塔殿

這是在千佛廊院内看新建的班禪靈塔殿，側面臺階上是措欽大殿東門。靈塔殿與措欽兩座建築之間後面的白色建築是班禪拉章。（建工）

五五　札什倫布寺措欽大殿南入口（建工）

五六　布達拉宮背景

宮室的後山下有湖面，湖周有叢林和草坪，湖中還有小島，島上建亭閣，而形成一個幽靜的園林，與山上的建築相配，更顯宮室的巍峨壯觀。（建工）

五七　布達拉宮正面外景

布達拉宮是達賴喇嘛駐錫的宮室，也是原西藏政教合一的統治中心。建在山頂上的宮室與山體結合成一整體，總寬三百餘米，高一一〇餘米，氣勢磅礡，雄偉壯觀。整體建築白色，僅山頂中央最高處的一片宮室外牆紅色，且上有座座金頂，而成為整座建築的重點，更顯建築的華麗、壯觀。（建工）

五八　布達拉宮白宮正面入口

白宮面向東方，頂層即達賴喇嘛的寢宮，裝飾重點也集中在頂層。白宮前有寬闊的廣場、圍廊，更能顯出主體建築的莊嚴、高大。（建工）

五九　布達拉宮白宮入口門廳

從廣場上三并木梯至二層，是進入白宮的門廳，廳四壁有壁畫，有裝飾華麗的柱式和金碧輝煌的大門。（建工）

六〇　布達拉宮金頂

紅宮內有五世以後的歷輩達賴喇嘛靈塔殿和重要的佛殿，在它們的頂上建有金頂。紅宮頂上共有大小七座金頂，相互呼應，極為輝煌壯麗。（建工）

六一　布達拉宮斗栱

這是金頂下的一種斗栱，還有帶下昂的斗栱。（建工）

六二　布達拉宮東大殿内景

白宮和紅宮内各有一個大型殿堂，稱東大殿和西大殿，供舉行重要的宗教、政治儀式活動使用，如歷輩達賴坐床典禮都在此舉行。殿内都懸有清朝皇帝御賜的匾額。（建工）

六三　布達拉宮東日光殿内景

白宮頂層有兩套達賴喇嘛的寢宮，各有接見廳、修法室、寢宮等建築。其中的接見廳稱日光殿，東面寢宮内的接見廳稱東日光殿，西寢宮的稱西日光殿。

六四　布達拉宮西日光殿内景

六五　布達拉宮寢宮

這是西面寢宮中專為達賴安寢用的寢宮。（建工）

六六　布達拉宮五世達賴喇嘛靈塔

布達拉宮紅宮内供有五世以後的歷輩達賴喇嘛的靈塔，内厝達賴的遺體。靈塔是在木製塔胎外，包以金皮，並鑲嵌各種寶石，極為尊貴、華麗。（建工）

六七　布達拉宮壁畫

這是布達拉宮内描繪布達拉宮形象的壁畫。

六八　布達拉宮西大殿柱頭

華麗的柱頭，柱身有柱衣。（建工）

六九　布達拉宮僧官學校大門前的束柱

布達拉宮內僅南宮門的後廊柱及僧官學校大門前廊柱是使用束柱做法。（建工）

七〇　敏珠林主殿外景

敏珠林是西藏地區著名的紅教（寧瑪派）寺院之一，歷經幾次毀壞，一九八三年開始有所恢復。圖中祖拉康因改作他用，將入口門廊封死僅留一小門。（建工）

七一　敏珠林主殿前院（建工）

七二　敏珠林主殿内景（建工）

七三　敏珠林壁畫：雙身佛像（建工）

七四　敏珠林壁畫

主殿内壁畫題材除佛教故事外，還有很多寧瑪教派祖師、高僧畫像。壁畫背景多為暖色調。（建工）

七五　瞿曇寺全景

瞿曇寺由明王朝撥資敕建，是明初青海地區重要的藏傳佛教寺院。它建在一座土城中，但建築形制是漢族傳統的廊院制。

七六　瞿曇寺山門

山門三間，歇山瓦頂。（建工）

七七　瞿曇寺前院碑亭

二重檐，上用十字脊屋頂，内有御賜碑石。（建工）

七八　瞿曇寺院内俯視

在漢式建築的庭院裏，建四座白色的喇嘛塔，巧妙地把喇嘛教和寺院聯係起來。

七九　瞿曇寺隆國殿

位於寺院最後的主殿，建在臺座上，重檐廡殿頂。

八〇　瞿曇寺隆國殿内景

建築做法及殿内陳設均與漢族佛寺相同。

八一　瞿曇寺壁畫之一

寺內迴廊的內壁，有四百平方米以上的壁畫，內容為佛陀本生及宗教題材的連續畫，早期的壁畫，每段故事都有七言讚詩一首，標出題目，從構圖、用筆、內容形象完全是明代漢族繪畫風格，至今仍然鮮艷奪目，是珍貴的藝術品。

八二　瞿曇寺壁畫之二

八三　瞿曇寺壁畫之三

八四　塔爾寺全景

為紀念黃教始祖宗喀巴，在其出生地而建寺院，自明、清以來得到不斷發展，是著名的黃教六大寺院之一。（建工）

八五　塔爾寺門塔

用塔門作為寺院入口，是很別致的做法。

八六　塔爾寺八塔及小金瓦殿

在入寺後的小廣場內，整齊地排列八座佛塔，後面是金光熠熠的小金瓦殿（護法神殿），形成一個建築高潮。

八七　塔爾寺小花寺

護法神殿後面的小花寺，是主殿前有一個小院的佈置方式，歇山瓦頂，琉璃牆面，是一座精緻的漢式佛寺。

八八　塔爾寺醫宗學院大門

寺內的幾座經學院均採用藏式平頂的主殿前有圍廊組成的庭院的佈局方式，正面圍廊上用一個不大的琉璃歇山瓦頂以突出入口。

八九　塔爾寺天文學院

九〇　塔爾寺密宗學院（建工）

九一　塔爾寺大經堂

寺内的總聚會殿，建築體量最大，裝修也最好。

九二　塔爾寺大經堂内景

殿内柱頭林立，四周掛有宗教題材的唐卡、堆繡，樑枋下掛有用彩色綢緞製成的經幢，柱身裹有龍形圖案的絨毯，裝飾極為華麗。

九三　塔爾寺活佛公署院內

活佛公署佈局與當地大型民居相同，由數個院落組成，院內有綠化，很有生活氣息。

九四　隆務寺入口前的轉經廊

隆務寺是青海黄南地區的重要黄教寺院，在寺院入口前有長長的轉經廊，供教民入寺朝拜前轉經用，這轉經廊也是寺院的圍牆。

九五　隆務寺大門

採用當地漢、回民族傳統的建築形式，也顯樸實大方。

九六　隆務寺大經堂

採用傳統的藏式平頂形式。

九七　隆務寺佛殿

採用傳統的藏式平頂形式，後部佛殿頂上使用歇山瓦頂。

九八　隆務寺靈塔殿

在藏式平頂建築上，使用當地漢、回族傳統的歇山瓦頂，上下結合巧妙。

九九　下吾屯寺經堂

該寺藏語稱『華丹群覺林』，意為吉祥法財洲，在隆務鎮東七公里處，是隆務寺的屬寺。寺建於明初，一九四六年焚毀，一九四九年重建，佔地八十畝，有大經堂、彌勒佛殿和護法神殿各一座，活佛公署二院，僧舍一〇八院，寺僧二〇八人。

一〇〇　下吾屯寺經堂和佛殿

寺院建築佈局特點是將大經堂和彌勒殿並列建在寺門内的廣場上，主體建築充分顯露，極為壯觀，其他次要建築建在左右及寺後。

一〇一　下吾屯寺經堂内景

内有色彩艷麗的壁畫，構圖端莊，技法嫻熟。

一〇二　下吾屯寺佛殿前廊内部結構及壁畫

寺院對僧人除進行宗教教育外，平時很重視培養繪畫雕刻技藝，數百年來寺院出過不少著名畫家。寺院的藝術畫風，被譽為『熱貢藝術』，是安多熱貢藝術的發源地。

一〇三　下吾屯寺壁畫

一〇四　拉卜楞寺遠景

寺在夏河境内，為格魯派六大寺院之一，始建於清康熙四十九年（一七一〇年），有十六處佛殿，六所經學院、印經院、藏經樓、佛塔及十八處活佛公署及+多僧舍，佔地八十餘公頃，寺僧多時達三千餘名，一九八二年定為全國重點文物保護單位。

寺在大夏河北岸，背山面水，主要的佛殿、經學院、活佛公署等主要建築大都建在西北山麓高地上，矮小的僧舍建在東南地勢較低處，東南用長達一·五公里的『嘛尼噶拉』廊圍繞，作為宗教上的轉經道，兼作外牆，把不規則的寺院統一成一整體。（建工）

一〇五　拉卜楞寺壽禧寺

這是一座在藏式平頂上邊歇山金頂的佛殿，比例恰當，造型端莊，雄偉而華麗。（建工）

一〇六　拉卜楞寺大經堂

這是寺內最大的建築，由大門、圍廊庭院及大殿組成。（建工）

一〇七　拉卜楞寺大經堂檐下門口的雕刻彩畫（建工）

一〇八　拉卜楞寺小金瓦殿（建工）

一〇九　拉卜楞寺轉經廊及白塔

寺院東面及南面有數里長的轉經廊，教民、僧人常來此轉經禮佛，也是寺院的外圍牆。（建工）

一一〇　古瓦寺遠眺

古瓦寺是康區興建較早、規模較大的寺院之一。寺建在半山，木結構，石牆石板瓦屋面，均為兩層房，重要的殿堂用重檐甚至是三重檐屋頂。（兩幅照片均為木雅·曲吉建才　提供）

一一一　古瓦寺全景

寺院經後世不斷擴建，有一個措欽、四個札倉，僧衆最多時達五百餘人。一九五九年時僧衆約四百人，文革中被毀，一九八三年開始恢復。

一一二　歸化寺全景

寺建於清初，是雲南中甸藏族地區最大的黃教寺院，為康多地區有名的十三林之一。寺背靠高山，前臨湖水，建在小山崗上，横向展開佈局，將主要殿堂建在山頂最高處，西端建佛塔，傳説這是仿西藏布達拉宮而建，是有布達拉宮的意境。

一一三　歸化寺東旺康村

全寺共有八個康村，每個康村周建若干僧舍而組成一建築群。東旺康村又稱『詹茸康村』，位於寺院東部，僧人來自東旺地區及格咱、翁水、尼汝等村落。

一一四　歸化寺札雅康村

位於寺院西部的山脊上，僧人來自大中甸的六個大村。圖中右下的一組建築為根珠活佛公署。

一一五　歸化寺大經堂外觀

是全寺的總聚會殿，也是寺內的最大建築，位於寺院中心最高處。藏式平頂建築，後部佛殿上建一座歇山式金頂。

一一六　歸化寺大經堂入口前廊

一一七　歸化寺大經堂內部

經堂中部用長柱使空間昇起有兩層的高度，在昇起的第二層開高側窗解決殿內的採光和通風。

一一八　歸化寺大經堂內景

一一九　歸化寺大經堂屋頂

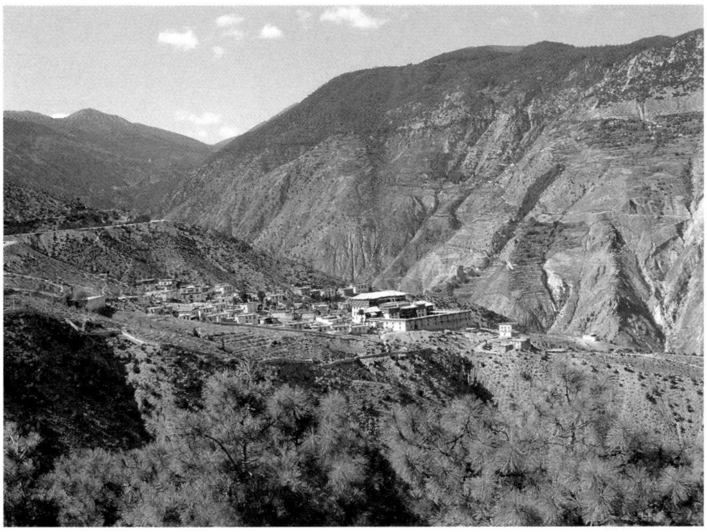

一二〇　東竹林寺全景

寺院建在坡地上，面向東方的『神山』。將主體建築建在中部，四面建矮小的建築而突出主體。

一二一　東竹林寺外景一瞥（南部）

寺坐落在面東的山坡上，面對東面的神山，主要建築均朝東。現有一座札倉，三座活佛拉章及數十座僧院，有寺僧三百餘人。

一二二　東竹林寺主殿

主體建築札倉前有二層的迴廊及庭院，共同組成一個整體。札倉三層，一二層為藏式平頂，第三層後部為四阿瓦頂。

一二三　東竹林寺主殿前庭院

主殿前有寬敞的庭院，周有二層廊屋環繞，可在此進行室外佛事活動。

一二四　東竹林寺主殿經堂内景（一層）

一二五　東竹林寺主殿經堂内景（二層）

一二六　東竹林寺主殿經堂内景（中部）

經堂中部有若干長柱使這部份空間昇高，這種空間的變化是藏傳佛教寺院殿堂的特點之一。

一二七　東竹林寺活佛公署内景

圖中是活佛公署内的小經堂。

一二八　福國寺法雲閣外景

福國寺原為漢族佛寺，是麗江納西族木氏土司的家廟。清初改宗為喇嘛廟，為麗江納西族地區喇嘛廟之始，清同治毀於兵火，光緒初年重建。一九七四年將寺内的法雲閣遷到縣北玉泉公園内。

一二九　福國寺法雲閣近景

法雲閣三層，一二層平面十字形，屋頂曲折變化，第三層方形，逐層内收，無論從任何角度觀賞，閣上下均有五個屋角翼然騰飛，如五隻彩鳳展翅來儀，故又被譽為『五鳳樓』。閣為木構，樑架斗栱均為當地傳統做法。

一三〇　福國寺法雲閣前檐斗栱

一三一　福國寺法雲閣前廊屋角

一三二　福國寺法雲閣前廊梁架

一三三　福國寺法雲閣前廊天花與入口

前廊天花彩畫及門口的蓮瓣、經疊雕刻裝飾等仍保留有藏傳佛教建築的特點。

一三四　文峰寺正面全景

寺位於麗江縣城西南八公里的文筆山山腰，前低後高，坐西朝東，寺側及寺前有泉水流過，寺內外林木蔥蔥，環境優雅。寺初建於麗江改土設流以後的乾隆四年，道光八年修大殿。寺院沿中軸布局，有前後兩院，主殿三層，建在高臺上。特點是一層佛殿外有環行的轉經道，底層中央空間與上層相通，並直貫三層，這種平面佈局與空間處理手法與藏族佛寺相同。再一特點是一層中央六柱為方形，用藏族柱式。一層四面出檐；第二層內收，用歇山頂；第三層僅中央一小間上覆攢尖頂，屋頂層層內收，富於變化，整體比例恰當，造型別致優美。

一三五　文峰寺側面

一三六　文峰寺背面

一三七　文峰寺院内

院内植樹種花，環境優雅。

一三八　文峰寺殿内景

底層中央六柱用藏式柱及檐部做法，空間直通頂層，均為藏傳佛寺做法。

一三九　普濟寺全景

寺在麗江縣西五公里的普濟山上，建於清乾隆三十六年，抗日時期將大殿改覆銅瓦，故又稱銅瓦殿。寺院坐西向東，主軸線上有前後兩院，南面有一跨院為僧舍。寺院建築木結構，為當地傳統做法。

一四〇　普濟寺二門

一四一　普濟寺大殿正面

主殿二層建在後院高臺上，底層面闊五間，佛殿外有一開敞的轉經道，二層面闊三間，歇山銅瓦頂。

一四二　普濟寺大殿側面

一四三　普濟寺大殿內景

大殿一層中部有一間空間直通二層，這種空間處理手法與藏區佛寺相同。

一四四　美岱召泰和門

位於大青山南麓土默特川上的美岱召，是蒙古族土默特部首領俺答汗於明萬曆三年興建的一座外繞城垣的寺廟，美岱召兼具城堡、寺廟和邸宅的功能，明廷賜名福化城，清代更名靈覺寺。寺城垣衹有南面一座城門，上有兩層三重檐的城樓，名泰和門。

一四五　美岱召經堂和大雄寶殿

主殿是經堂在前佛殿在後的佈局形式，經堂是在藏式平頂上再建歇山式坡頂，後面的佛殿較高，是三重檐的歇山式建築，特點是佛殿有一圈外廊作轉經道，這是蒙族地區藏傳佛教寺廟中藏漢結合殿堂的模式。

一四六　美岱召琉璃殿

位於主殿之後，是一座三層樓房，綠琉璃瓦頂，木構架，為當地漢式傳統做法。

一四七　美岱召琉璃前廊

一四八　美岱召乃瓊神殿

即護法神殿，是一座很小的二層藏式平頂建築。

一四九　美岱召八角殿

一五〇　美岱召太后殿

一五一　美岱召達賴廟

本是一座邸宅，一五七七年三世達賴喇嘛來內蒙傳教時曾駐錫這裏。

一五二　五當召全景

位於包頭東北七十公里的五當召，創建於清康熙年間，雍正五年重建。它建在一個小山崗及其左右的兩個山谷間，將主要建築建在中間的山崗上，從總體佈局到建築形制全採用藏式。

一五三　五當召卻依拉殿

寺由六座大殿、一座陵堂、三座活佛府及衆多僧舍組成。主要大殿均由前面的前廊、中部的經堂和後部的佛殿組成。

一五四　五當召蘇古沁殿

這是召內最大的殿堂，即召內的總聚會殿。

一五五　五當召洞闊爾殿

據說是按照從西藏帶迴來的圖紙興建，所以經堂等建築的平面佈局、空間處理等均和藏族地區的建築大體相同。

一五六　五當召洞闊爾殿乾隆皇帝御賜『廣覺寺』匾

一五七　五當召日本倫殿

建築造型、建築結構及細部做法與藏區建築大體相同。

一五八　五當召活佛府院內

活佛府是主樓前為庭院，庭院左右為兩層樓房的佈局方式，主樓為活佛進行宗教活動及生活起居用、庭院兩側的樓房為侍從人員用房。

一五九　大召菩提過殿

蒙古族土默特部首領俺答汗受明王朝封誥以後，於隆慶間建歸化城及慈弘寺即大召，後改稱無量寺。三世達賴喇嘛來內蒙古期間曾為寺裏的銀佛開光，故又稱銀佛寺，清康熙間擴建，並將大殿改換成黃琉璃瓦頂，而成為內蒙古地區著名的寺院。

寺由山門、天王殿、菩提過殿、大殿等主要殿堂組成，除大殿外均為木構漢式建築。

一六〇　大召大殿

大殿由前廊、經堂和佛殿組成，底層是藏式平頂，上有前、中、後三個歇山式屋頂，藏漢建築形式結合自然巧妙。

一六一　大召大殿前部側面

前廊、屋頂等木構用漢式做法。

一六二　大召大殿前廊細部

一六三　席力圖召門前木牌樓

席力圖召是在一座明代小廟的基礎上，於清康熙三十五年擴建而成的一座藏傳佛教寺廟，賜名延壽寺。按漢族傳統佛寺佈局，大部份建築如木牌樓、大門、菩提殿及活佛公署、僧舍等均採用漢族建築形式及當地傳統做法。

一六四　席力圖召大門

漢族建築形式，僅在細部上可看到一些藏族建築的影響。

一六五　席力圖召大殿

大殿是藏漢結合形式，即在藏式平頂上建前後三座歇山式綠琉璃瓦頂。

一六六　席力圖召大殿檐口細部

大殿檐口上用黃琉璃瓦，邊瑪檐牆兩邊磚垛外貼綠琉璃磚，色彩豐富，更增檐部的華美。

前廊及殿內均使用藏族柱式。

一六七　席力圖召佛塔

寺內塔院內的佛塔用白石製作，做工精細，造型優美，剛健清秀。

一六八　五塔召金剛寶座塔

呼和浩特舊城內的慈燈寺也稱五塔寺，寺已毀圮，僅遺存金剛寶座塔。塔由臺基、臺座及座上的五塔組成。臺座及佛塔上均有精細雕刻，在建築上和藝術上均有較高水平，是清代內蒙古地區磚石作中少有的建築。

一六九　五塔召塔入口細部

塔門旁刻四天王像，門上石匾上用蒙、藏、漢三種文字刻『金剛寶座塔』。

一七〇　菩薩頂山門前石踏步

菩薩頂傳為文殊菩薩居住處，故又稱真容院、文殊寺等，是五臺山五大禪林之一。明初藏傳佛教傳入五臺山，大喇嘛居住在菩薩頂，此即成為喇嘛廟（當地稱黄廟）之首。清初幾位皇帝朝拜五臺山時均駐蹕於此，故對寺廟進行重建、裝修，並改用黄琉璃瓦頂。寺建在山頂，山門前用一〇八級踏步，與佛教極為重視的數字相符。（建工）

一七一　菩薩頂山門

漢式建築做法，與内地漢式佛寺山門別無二致。（建工）

一七二　菩薩頂大雄寶殿

山頂因地勢所限，故寺規模不大，建築尺度也較小，但佈局緊湊，寺內僅有大雄寶殿及文殊殿兩座殿堂。（建工）

一七三　菩薩頂文殊殿（建工）

一七四　圓照寺大殿

寺院為漢族佛寺佈置形式，建築形制也是漢式，分前後兩院，前院以大雄寶殿為主體，後院以寶利沙靈塔為主體，四周繞以廊屋而形成以塔為中心的院落。（建工）

一七五　圓照寺塔

此為印度僧之舍利塔，建於後院中的方座上，座上建五塔，中央塔大，四隅塔小，如金剛寶座式。（建工）

一七六　普寧寺正面全景

寺建於清乾隆二十年，是清王朝為團結西北各少數民族『依西藏三摩耶廟（即桑耶寺）』而建造的。寺分前後兩部份，前部有牌樓、山門、鐘鼓樓、天王殿、大雄寶殿等，是一座典型的漢族佛寺。（建工）

一七七　普寧寺側景遠眺

一七八　普寧寺大雄寶殿（建工）

一七九　普寧寺鐘樓（建工）

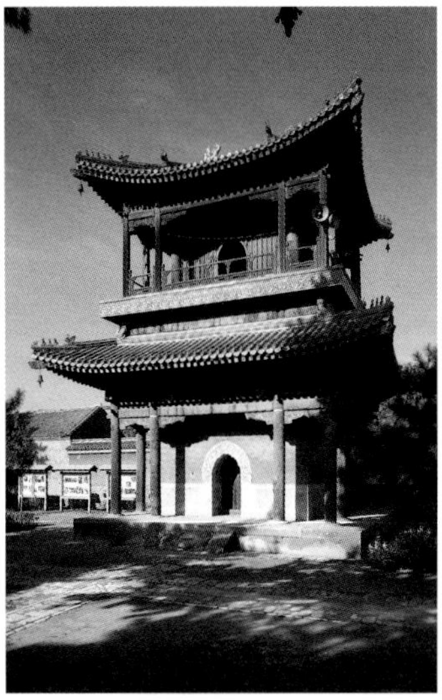

一八〇　普寧寺南瞻部洲

後部建在山坡臺地上，以體量很大的大乘閣為中心，象徵須彌山，圍繞中心建象徵四大部洲、八小部洲的建築。這些建築採用藏式、漢式、藏漢結合式等手法，而組成造型生動別致、色彩鮮明的大建築群，給清初的內地建築注入了新的生气。這種前面是漢族佛寺，後部用體量龐大的主體，在造型、細部、色彩等方面採用藏族建築形式的處理手法，是承德外八廟的主要手法。隨著承德外八廟的興建，使清代建築掀開了新的篇章。（建工）

一八一　普寧寺西側白臺（建工）

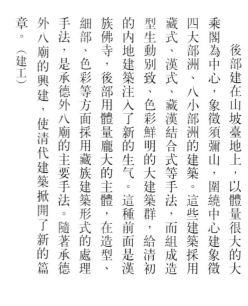

一八二　普寧寺後部院內

一八三　普寧寺大乘閣

大乘閣高三六．七五米，內供奉高二二．二三米的千手千眼觀音，造型雄偉，是國內現存最大的木雕佛像。閣四周的建築與塔均為藏式，建築底層為藏式平頂，有藏式窗及深色檐牆，外牆色彩或白或紅，對比強烈，很具藏族建築風味。（建工）

一八四　普寧寺大乘閣內佛像（建工）

一八五　安遠廟遠景

清乾隆二十九年（一七六四年）為歡迎達什達瓦部衆從新疆伊犁遷回到承德，取『安撫遠人』之意，仿新疆伊犁固爾札廟建安遠廟。寺廟佈局簡單，在縱軸線上建山門、二山門及主殿，共兩個院落。（建工）

一八六　安遠廟主殿

主殿普渡殿三層，下兩層為實牆，牆上做盲窗和藏式窗，三層木構，重檐歇山頂，施黑色琉璃瓦，黃琉璃瓦剪邊，很具特色。（建工）

一八七　安遠廟殿內藻井

殿內斗八藻井貼金箔，做工精細。（建工）

一八八　安遠廟佛像（建工）

一八九　普樂寺遠景

清乾隆三十一年（一七六六年）平定天山南北後，為表示尊重蒙古族及西北各少數民族的宗教信仰，促進各民族的團結，寓全國統一普天同樂之意而建普樂寺。

普樂寺由前後兩部份組成，前部是一座典型的漢族佛寺，後部以體量很大的闍城為主體，上建圓形殿堂。（建工）

一九〇　普樂寺山門（建工）

一九一　普樂寺大雄寶殿

一九二　普樂寺旭光閣

這是一座重檐攢尖的圓形建築，上施黄琉璃瓦，閣内建一座木製曼荼羅，内供面向東方的上樂王佛。

一九三　普樂寺旭光閣藻井

旭光閣内圓形藻井做工精細，中央的盤龍造型生動，藻井的全部木構上貼以金箔，並以庫金和赤金區分不同的金色，光彩奪目，十分富麗華貴。

一九四　普陀宗乘之廟全景

乾隆三十二年（一七六七年），為皇帝及皇太后祝壽接待國內各少數民族王公貴族入賀，並以此團結西藏宗教上層人士而興建普陀宗乘之廟，普陀宗乘漢譯即布達拉。

寺分前後兩部，前部有石橋、山門、城垣、角樓、碑亭、五塔門、琉璃碑坊等，採用漢式，按軸線佈置在城垣內。後部在山坡上，利用地勢散置一些藏式平頂建築，最後即體量龐大的大紅臺。遠看是城後有山，山上高聳巨大建築，有殿閣凌雲，气勢宏偉的藝術效果，有西藏布達拉宮的意味。

一九五　普陀宗乘之廟山門（建工）

一九六　普陀宗乘之廟琉璃牌坊（建工）

一九七　普陀宗乘之廟五塔門（建工）

一九八　普陀宗乘之廟大紅臺琉璃窗裝飾

大紅臺牆上用琉璃件組成窗的裝飾，在檐部塑一排佛像，遠看有藏式窗及檐口的效果。（建工）

一九九　普陀宗乘之廟大紅臺檐口佛像（建工）

二〇〇　普陀宗乘之廟萬法歸一殿

大紅臺外觀七層，它是建在十五米高的高臺上，上面僅有三層藏式平頂群樓。樓內天井中央是方形的萬法歸一殿，殿上覆鎦金瓦頂。（建工）

二〇一　普陀宗乘之廟萬法歸一殿內景

殿內供奉佛像並在此舉行佛事活動。

（建工）

二〇二　須彌福壽之廟全景

乾隆四十五年（一七八〇年）為來京祝賀乾隆七旬大壽的班禪在承德仿札什倫布寺建造駐錫之地，取名須彌福壽之廟（札什倫布的漢譯）。其實須彌福壽之廟並未按札什倫布寺建造，它分前後兩部，前部建在城垣內，建築是漢式，後部以仿藏式的大紅臺為主體，並建吉祥法喜殿供班禪居住。

二〇三　須彌福壽之廟大門

二〇四　須彌福壽之廟大紅臺及前面的琉璃牌坊

在前後部之間建精緻的琉璃牌坊，寺後建漢式寶塔，整座寺廟藏漢形式結合巧妙。（建工）

二〇五　須彌福壽之廟群樓內院

大紅臺是一座群樓，在樓內的天井中建方形的妙高莊嚴殿，在此進行佛事活動。（建工）

二〇六　須彌福壽之廟妙高莊嚴殿內景

此殿為班禪講經之所。（建工）

二〇七　須彌福壽之廟妙高莊嚴殿上的金頂

妙高莊嚴殿頂施金瓦，金瓦鱗形，脊上四條金龍造型生動活潑。（建工）

二〇八　須彌福壽之廟吉祥法喜殿

此殿為班禪駐錫之所。

二〇九　須彌福壽之廟廟後寶塔

廟後的琉璃塔八面七層，底層有圍廊，塔身均有浮雕菩薩像，塔造型挺拔秀麗。（建工）

二一〇　雍和宮牌坊

雍和宮由王府改建而成喇嘛寺，是清政府管理喇嘛教的事務中心。它佈局嚴整，主要建築建在軸線上，保留了王府建築的規制，門前有三座牌坊。（建工）

二一一　雍和宮昭泰門外景

從前至後建築內容為牌坊、昭泰門、天王殿、雍和宮、永祐殿、法輪殿、萬福閣等，均為清代官式做法。法輪殿與萬福閣左右建殿，而成三殿並列的形式，保留了我國古代大殿與東西堂並列的建築佈局特點。（建工）

二一二　雍和宮法輪殿

法輪殿平面呈十字形，殿頂昇起五座小閣，閣頂有喇嘛塔，可象徵佛教傳說的須彌山。（建工）

二一三　雍和宮法輪殿內景

殿內樑架、彩畫均為漢族佛寺做法，內供宗喀巴銅像。（建工）

二一四　雍和宮宗喀巴像

從屋頂中央小閣側窗投入的光線正好射在宗喀巴的頭部及上身，給人以強烈印象，宗教氣氛濃鬱，這是藏傳佛寺殿堂內的採光特點。（建工）

二一五　雍和宮萬福閣

萬福閣高三層，內部空間直通頂層，內供十八米高的彌勒佛木雕佛像。萬福閣與左右閣用飛閣復道相通，這種手法多見于唐代佛教壁畫。（建工）

二一六　雍和宮壁畫（建工）

二一七　西黃寺清淨化城塔

清初在京城安定門外建東、西黃寺，專為達賴喇嘛和班禪額爾德尼或其使者來京時的住所。乾隆四十五年（一七八〇年）六世班禪來京祝賀皇帝壽誕即駐錫這裏。後六世班禪在京圓寂，清政府即在西黃寺後院建清淨化城塔厝其經咒衣履以茲紀念。

清淨化城塔是以印度佛陀加耶塔為藍本而建成的一種佛塔類型，即在一高座上建五塔。該塔中央建石質喇嘛式塔，但塔形高聳、修長，四隅各建一座八角石幢式塔，均挺拔向上，有輕美崇高的感覺。

二一八　妙應寺白塔

北京阜城門內的妙應寺白塔，建於元至元八年（一二七一年），是尼泊爾匠師阿尼哥設計建造的。塔高五十餘米，比例恰當，形體渾厚、壯觀，是京都城市的一個重要景觀。

二一九　永安寺白塔

清廷崇信喇嘛教，祈禱社稷永固平安，於順治八年（一六五一年）在禁苑瓊島頂建永安寺，寺後建喇嘛塔，塔身白色，俗稱北海白塔。塔高約三十六米，體量很大，但與島嶼山體及浩渺的湖水相配，則比例適當，藝術效果極佳，是京城內著名的景點。

二二〇　羊八井塔

藏族地區常在山口、路邊或村旁，建一佛塔，作為神靈駐地，行人經此繞佛塔一周，即為敬神禮佛。遇有宗教節日，人們來塔前敬奉哈達、豎彩色經幡或煨桑（燒柏枝或柽柳枝使之燃煙）以敬神。圖中是西藏羊八井村邊人們在塔前禮佛情景。（建工）

二二一　神壘及瑪尼堆

中甸地區的瑪尼堆及神壘（藏名甸卡爾）建在村邊路旁。這是設在歸化寺後小山上的神壘及瑪尼堆。

中國美術分類全集

中國建築藝術全集

第14卷 佛教建築(三)(藏傳)

图书在版编目(CIP)数据

中國建築藝術全集(14) 佛教建築(3) 藏傳 / 陳耀東編著. —北京：中國建築工業出版社，1999

（中國美術分類全集）

ISBN 7-112-03679-8

I. 中… II. 陳… III. 佛教－宗教建築－建築藝術－中國－圖集 IV. TU-885

中國版本圖書館CIP數据核字(1998)第27874號

中國建築藝術全集編輯委員會 編

本卷主編 陳耀東

出版者 中國建築工業出版社

（北京百萬莊）

責任編輯 許順法

總體設計 雲鶴

本卷設計 吳滌生 程勤 王晨 陳穎

印製總監 楊一貴

製版者 北京利豐雅高長城製版中心

印刷者 利豐雅高印刷（深圳）有限公司

發行者 中國建築工業出版社

一九九九年五月 第一版 第一次印刷

書號 ISBN 7-112-03679-8 / TU · 2833(9045)

（京）新登字〇三五號

國內版定價三五〇圓